长期主义者的 101 个基本

朱笋笋 / 著

电子工业出版社
Publishing House of Electronics Industry
北京·BEIJING

内容简介

本书是依据我的成长导师剑飞传授的成长理念而总结出来的在学习和成长中应该遵循的"基本"原则，也是其撰写的《时间增值：用有限创造无限》一书的延展。我有幸从 2018 年开始跟随剑飞学习语写和时间记录，践行其理念，因此有相对深入的思考。

借着一次随手翻阅松浦弥太郎的《100 个基本》所产生的灵感，我开始撰写本书，后来发现，这些内容不仅更贴近其他学习者的内心，也降低了刚接触剑飞理念的人的学习成本，给了他们力量，验证了个人成长属于每一个普通人，任何人只要用心践行这些"基本"，都能在时间的作用下有所成长。

现在，这本书在剑飞和社群伙伴的支持与帮助下得以出版，让更多人能学到这些对成长有帮助的理念，提高生活效率和质量，这是我的荣幸。

未经许可，不得以任何方式复制或抄袭本书之部分或全部内容。
版权所有，侵权必究。

图书在版编目（CIP）数据

长期主义者的 101 个基本 / 朱笋笋著. — 北京：电子工业出版社，2024.5
ISBN 978-7-121-47565-8

Ⅰ.①长… Ⅱ.①朱… Ⅲ.①成功心理－通俗读物 Ⅳ.① B848.4-49

中国国家版本馆 CIP 数据核字 (2024) 第 061559 号

责任编辑：滕亚帆
印　　刷：中国电影出版社印刷厂
装　　订：中国电影出版社印刷厂
出版发行：电子工业出版社
　　　　　北京市海淀区万寿路 173 信箱　　邮编：100036
开　　本：880×1230　1/32　印张：8.75　字数：230 千字
版　　次：2024 年 5 月第 1 版
印　　次：2024 年 5 月第 1 次印刷
定　　价：78.00 元

凡所购买电子工业出版社图书有缺损问题，请向购买书店调换。若书店售缺，请与本社发行部联系，联系及邮购电话：（010）88254888，88258888。

质量投诉请发邮件至 zlts@phei.com.cn，盗版侵权举报请发邮件至 dbqq@phei.com.cn。

本书咨询联系方式：faq@phei.com.cn。

RECOMMENDATION 推荐语

一眨眼，为笋笋服务已经超过 2000 天了。看着她从单身到结婚，到有孩子，再到打磨了自己的第一本书，我一路见证了她的成长。

笋笋主动把我的一些理念记录下来，结合自己的实践，通过"101 个基本"的框架写出了这本书。我鼓励她再接再厉，现在她已经是一个如书名一样的长期主义者，在写作这条路上奔赴向前。相信未来我们可以读到她更多更好的作品。

——剑飞，《时间记录》《极速写作》等 7 本书作者，语写 App、时间统计 App 等创始人

《长期主义者的 101 个基本》是笋笋在深入学习剑飞老师的长期主义理念后，结合自身的实践经验精心"编织"的一条条准则。这本书不仅进行了知识总结，还提供了一份行动指南，它以浅显易懂的方式为我们提供了一种积极主动、不断升级自我的方式。笋笋的叙述和洞察，旨在降低读者学习和实践长期主义的难度，为他们提供一条清晰的路径，引导他们在繁忙和不确定的生活中找到明确的成长方向。

《长期主义者的 101 个基本》不仅是一本书，还是一段探索自我和不断更新自我的旅程，可以帮助我们在长期主义的旅程中找到属于自己的"基本"，并在践行中实现自我超越。

——李梦，第一批逐字阅读者

看着笋笋日更写出"101个基本",到现在这本书正式与读者见面,我实在太激动,见证了她梦想成真的整个过程。

每个人在人生的不同阶段可能都会有不同的侧重点,围绕的重心不同,比如伴侣、事业、地位、孩子等。但最终你会发现,往往秉持基本原则去生活的人,才会得到真实的幸福。所以把握好基本盘,践行基本原则,生活会如其所是。要想活成自己理想中的样子,《长期主义者的101个基本》值得你好好践行和深究。

——麦风玄,《成长超能力》作者

焦虑和内耗已经深深地烙印在这个时代,似乎人人都在探寻快速成功的秘诀,但结果往往是更加焦虑。这种现象的根源在于没有理解时间价值和成长的基本逻辑:只有扎根深处,方能破土而出,而后茁壮生长。

扎根需要的正是长时间持续的"小"行动,小到足以让你能立刻着手去做的那种。笋笋的这本书结合对剑飞时间理念的思考和实践,以轻松愉悦的方式分享了这些行动的原理和具体做法。希望行动的清风,可以帮你吹散焦虑的乌云。

——胡奎,《高效办公 Office 教程》作者、《语写高手》合著作者

《长期主义者的101个基本》结合剑飞老师的理念和作者笋笋的自身实践经验,为读者呈现了长期主义的精华。这本书不仅是理论的阐述,还通过具体的例子和贴近实际生活的建议,向读者展示了如何将长期主义融入日常生活,鼓励读者将书中的"基本"内化为自己生活的一部分,从而实现长期的自我成长和进步。这本书值得每一个追求长期稳定发展的人深入阅读。

——小饼干,《语写高手》合著作者

同为剑飞老师的学生,笋笋是大我两届的学姐。很荣幸能一路见证她从"101个基本"入手,写下一篇篇文章,并最终汇集

成这本《长期主义者的 101 个基本》，用行动践行长期主义和剑飞老师的理念。

在我看来，这是一本很特别的自我修炼手册。从知道到做到，从来都是一个漫长的过程。笋笋跟随剑飞老师学习，从和他"抬杠"，到逐渐理解其理念并执行，到真正做到，再到将自己的理解和践行经验分享出来，经历了 5 年时间。

她将这段自我修炼的经历进行系统总结，把学习、行动、经历、思考、顿悟等都倾注笔端，化诸文字，相信一定能给你带来真实的行动力量。诚意将这本书推荐给所有探索并坚持长期主义的朋友。

——蓝枫，字趣文案工作室主理人、《语写高手》合著作者

笋笋在这本书中讲解了一个看似显而易见，但常常阻碍我们进步的道理——高手不是通过谈论意义而成为高手的，而是通过刻意练习。

践行长期主义不是一件简单的事，我们容易在还未开始时就计较这样做是不是有意义，会不会白费力气，于是徘徊，终而蹉跎。好在践行长期主义不只靠一腔热情，还有可遵循的方法和原理。打开此书，你可以一一收获它们。

——灵休，《语写高手》合著作者

剑飞社群的小伙伴有一个特质，就是喜欢站在长期主义的视角锤炼把事情做到极致的能力，在文字落实方面，笋笋无疑是非常闪亮的一位。

生活中的笋笋是欢乐、温暖的，而她的文章除了温暖，更有细致而缜密的内在逻辑结构。

在这本书中，笋笋把剑飞老师提炼的一些基本原则，结合自己的细致观察、身体力行，抽丝剥茧，层层深入，娓娓道来，颇有逸趣。即便是许多我们熟悉的理念,她也能拆解得意兴盎然、别有滋味。

把前人成功做到的事情,在新的时空背景下用自己的方式再做一遍,这既需要勇气,又需要扎实的实践能力。这两点笋笋都有,祝本书大卖!

——明韬,《语写高手》合著作者

笋笋是践行长期主义的典范之一,长期主义是剑飞老师语写、时间管理等体系的核心基础,也是成事的要义之一。笋笋结合自身的实践经验,总结出了长期主义者应遵循的 101 个基本。要想成为一个长期主义者,必须有自己的原则,而从知道到做到有一段时间差,《长期主义者的 101 个基本》是一本很实用的书,这 101 个基本可以让你把这段时间差缩到最小,当然最重要的还是要把这 101 个基本运用起来。

——清茶,《语写高手》合著作者

《长期主义者的 101 个基本》不仅是理念的分享,还是对实践的深刻剖析。笋笋以独到的见解和实用的方法,引导读者融入长期主义者的世界。这本书之所以珍贵,不仅在于笋笋将剑飞老师的思想及理念总结出来,更在于她想到就去做,最终成就了这部作品。这份付出和坚持深深地融入了书中的每一段文字中。这本书不仅是一本值得一读的好书,还像是一次深刻的人生思考和实践之旅。愿你通过阅读这本书与笋笋书共同探索成长的道路,迎接更丰盛的人生。

——任桓毅,《语写高手》合著作者

笋笋一开始叫"小太阳",在剑飞老师的社群中始终是亮眼、特别的存在。

书中提到她早些时候和剑飞老师"抬杠",我想恰恰是这样互相激发的"独立思考",促使她将剑飞老师的理念融入自己的生命体验中,这是妥妥的践行,也为她带来光速般的成长。

感谢笋笋的分享,相信我们都能在她的这本带着成长印记的书中找到共鸣,获得启发。

——云清,《语写高手》合著作者

笋笋是我在剑飞老师社群中的师姐,过去五年,她一步一个脚印,实现了令人瞩目的成长。

《长期主义者的101个基本》不仅是对剑飞老师理念的萃取,还加入了作者深刻的理解,能帮助读者吸收转化,生发行动。

人生路漫漫,愿书中的内容可以助你笃行致远、唯实励新。

——段一邦,《语写高手》合著作者

我和笋笋相识于剑飞老师的社群,我见证了这本书从0到1的形成过程。一篇篇文章累积起来形成了这部作品,这个过程本身就是在踏实地践行长期主义。相信只要认真实践书中的101个基本,成长就会逐渐显现。

——小奇,《语写高手》合著作者

笋笋分享了她跟随剑飞老师践行长期主义的成长经历,为我们呈现了101个简单却深刻的道理。她强调做任何事情都要全身心投入,不断做出改变并获得进步。书中还提供了许多实用的方法和建议,比如用"人－货－场"模型做选择,把阅读当成项目来完成等。这本书不仅是对时间的思考,更是对生活态度的探索,不仅能启发读者思考,还能帮助读者提升自我。我相信每个读者都能从中获益。

——晓雅,大学教师、《语写高手》合著作者在读《长期主义者的 101 个基本》的过程中，你可能会"读不下去"，因为你会蠢蠢欲动，去行动，去努力做到。在我看来，这不是一本用来"读"的书，而是一本行动指南。你不需要从头到尾读完一遍，也不需要记住全部内容。只要随便打开一页，从知道到一步步做到就足够了。这本书的价值，不以你知道多少来体现，而以你能做到多少来证明。

——邓燕珊 jenny，《语写高手》合著作者

笋笋确实是我身边最符合"长期主义"的人，她在语写这件事上坚持的时间和完成的字数让我惊叹。在长期主义者的眼中，生活很简单，没有雄心壮志的目标，也没有哼哧哼哧的咬牙坚持，有的只是每一件小事。这本书中既有"基本"的信念，比如"把事情做完，做完比开工更重要"；也有"基本"的操作，比如"习得把一件事做成的能力"。无论是实用主义者，还是需要重塑逻辑架构的读者，都能从这本书中获得成为"长期主义者"的能力。

——王任映，生涯规划师、大学教师

在我的心目中，笋笋一直是一位宝藏作家。她的新书，是对长期主义的一次精心梳理，字里行间都流露出晶莹剔透的见解。我深信，这是因为她自己就是这 101 个基本的实践者和实实在在的受益者。她还为我们提供了许多实用的工具和方法，成为我们在践行长期主义的道路上的陪伴者和支持者。

四季轮转，生生不息，愿每一位读者都能在本书的陪伴下，无论是在日常生活的琐碎中，还是在忙碌工作的间隙里，耕耘出生命中最宝贵的果实。

——蒋赛，大学教师

前言 PREFACE

  科技与时代的发展日新月异，作为一个普通的终身学习者，我们都想找到一种高效的方式带动自我、实现成长。在探索的路上，我于 2018 年 5 月 8 日和开创了语写并以柳比歇夫为榜样持续做时间记录的剑飞老师相遇。

  转眼已过 5 年，这两样学来的技能（语写和时间记录）让我用主观文字和客观数据记录了自己从大龄单身到一家三口的幸福时光，也见证了自己从"社恐"到在职场上能主动与管理者交流、做演讲和分享的变化。这离不开跟着剑飞践行长期主义，在语写和时间记录中修行，我在潜移默化中发生了变化。

  过去我是让剑飞最头疼的学员，经常与他抬杠。现在我是最理解他的理念的学员之一。终身学习意味着不断地做出向好的改变，改变伴随着痛苦，但选择这种方式生活，会让人痛快淋漓。

  2022 年，我们经常不得不居家办公。剑飞在 2022 年 4 月决定每天做三场直播，给学员带来了一抹亮色。开始我只是随便听听，将其作为一种连接外在世界的方式，缓解焦虑的情绪。后来，我发现剑飞的"闲谈"遵循一种体系，是对过去几年潜移默化影响我产生变化的理念的显性表达。

  剑飞把语写搬到了线上，不做准备，直接开播，其中的内容已被其践行多年，具有说服力和价值。我开始思考如何记录这些内容并将其内化，无意翻到松浦弥太郎的著作《100个基本》，我被点醒，于是写出了本书。

每写下一个"基本"，我都希望带上自己的实践。这个初衷很好，只是按照"50年才算得上长期"的理念，我现在只走了十分之一，还有非常漫长的路要走，实践也不够充分。因此，我只能就感知结合剑飞老师的理念谈一谈，降低其他尚未随他学习多年的学员和朋友的学习难度，为大家提供一份相对亲切的"鸡汤"。

事实上，2023年4月，剑飞的直播内容已经变成了《时间增值：用有限创造无限》一书并出版上市。我的"101个基本"不但没有显得多余，反倒让人看到老师和学员对于同一理念的不同理解。或许，我正在经历同过去的他一样的成长和变化，但不变的是，这些阐释都最终指向一个积极主动践行、不断升级的自我。

希望这样的一本书，能与著名的《100个基本》一样，给你带来思想的启发和生活的改变。哪怕只是一个"基本"让你心动，经过践行后发挥了作用，也算值回"票价"。就像当初我开始进行语写和时间记录一样，这些决定，改变了我5年后的人生。

朱笋笋

2023年4月13日于太原

致谢

感谢剑飞老师在2022年做了1000场直播，帮我种下了写100篇文章的种子，这才有了这本书的雏形。从最初教我语写到后来指导我进行时间记录，从理念到实践，不断深入，直至成长溢出。

感谢爸妈对我多年的养育，感谢爱人的相伴及对家庭的付出，同时感谢婆婆照看孩子，让我有更多精力进行创作。

感谢一路以来支持、陪伴我前行的伙伴们，蓝枫、灵休、小饼干，是你们鼓励我把文章变成书，也感谢最初的读者1996和李梦让我认识到这本书的价值。

还要感谢我最亲爱的朋友米棋在封面设计上给我的专业审美指导，感谢电子工业出版社的各位老师，感谢每一位预售期"盲购"的亲朋好友对我的大力支持。

感谢总是说不完的，每一位的帮助我都记在心里。希望能以此为起点多写几本书，让出书成为一种特别的答谢方式。谢谢你们给予我力量，化作我写作的动力，我爱你们。

目录

第 1 章
全然相信地做事

001　把事情做完，做完比开工更重要　/ 2

002　让短期更短，让长期更长　/ 4

003　通过读书提前储备未来的能力　/ 6

004　用"人－货－场"商业模型做选择　/ 8

005　做足练习，变难为易　/ 11

006　找到一件力所能及的事，将它做到极致　/ 14

007　在生存的基础上求发展　/ 17

008　用有限创造无限　/ 21

009　习得把一件事做成的能力　/ 24

010　慢慢来，比较快　/ 29

011　第一次永远不会是最好的，大不了搞砸　/ 31

012　没有的，就去创造　/ 33

013　给自己的时间标价，让时间更值钱　/ 36

014　没有批评，只有改进 / 40

015　写作面墙，读书面窗 / 43

016　使用有效率的工具——键盘和双拼 / 46

017　赋予意义但不讨论意义 / 49

018　公布目标，是撬动目标达成的杠杆 / 52

019　在计算好的时间成本内做事 / 55

020　1秒进入状态，衔接过去，穿越未来 / 58

021　工具是思维的表达 / 61

022　在保障生活的前提下发现"创业信号"，让生活更自由 / 63

023　生命中的每一个数据都值得改进 / 66

024　将训练技能和使用技能分开 / 70

025　在大的框架中，填充行动细节 / 73

第 2 章
做长期且重要的事

026 投入时间做事，方可见更多细节 / 78

027 付出等于收获 / 80

028 做好体力活 / 84

029 想要就努力争取 / 86

030 相信自己拥有有钱人的脑袋 / 90

031 选最难的事情去做，其他的事情顺便就做成了 / 93

032 利用环境，提前获得未来的能力 / 96

033 把看书当作单独的项目去对待 / 99

034 为了未来，早点儿付出代价 / 101

035 发现并长久地应用自己的能力 / 103

036 在无限中获取有限 / 106

037 现在做的事情很重要 / 108

038 温水煮青蛙是幸福的负产品，适度的压力使人成才 / 111

目录

039　积极主动，未来会来得更早 / 113

040　找一件几乎可以在任何年龄都能做的事 / 116

041　人挪活，享受变化的福利 / 118

042　稳定是高手的特征 / 121

043　把能力变成使用技能 / 124

044　创物之能，获利其上 / 126

045　行百里者半九十 / 129

046　创造时间之外的影响力 / 131

047　抓住个人发展的窗口期 / 134

048　晚点儿成名是好事 / 137

049　学会休息 / 140

050　真诚地面对镜头和自己 / 143

第 3 章
行动引发行动

051　轻松才能持久 / 148

052　用必要的反复阅读指导实践 / 150

053　早起，开启能量满满的一天 / 152

054　高强度地培养底层习惯 / 154

055　规划与复盘，让居家办公比到岗办公效率更高 / 156

056　最有力的分享是转化成实践再分享 / 158

057　用每天 1% 的时间做专注力训练 / 160

058　相信，才能见证"奇迹" / 162

059　稳定的细节控制是专业的体现 / 165

060　好的计划是在计划变化之前，预想到可能的变化 / 167

061　坚定的信念是目标达成的保证 / 169

062　用系统支持个人发展 / 172

063　目标是用来达成的，生活是用来践行的 / 174

- **064** 提前寻找解决方案 / 176
- **065** 挑战有一定难度的目标 / 178
- **066** 语言是生产力 / 180
- **067** 人生是可以规划的 / 182
- **068** 有热情的时候，多做一点儿 / 184
- **069** 构建梦想清单，做出最好的选择 / 187
- **070** 重视才会有时间 / 190
- **071** 状态是可以调整的 / 192
- **072** 假期的意义在于积累 / 195
- **073** 做量级，数量到位，理解到位 / 197
- **074** 花足够多的时间赚钱 / 199
- **075** 专家不是做所有事的人，而是做细分领域事情的人 / 201

第 4 章
成为你想成为的人

076　大量阅读 / 206

077　赶紧出书 / 209

078　专业是一种确定性 / 211

079　实践一个道理而非听一个道理 / 213

080　让成果更容易出成果 / 215

081　比懒更糟糕的是用错误的方法勤奋地做 / 217

082　每天过有规律的生活 / 219

083　规则用来筛选适合的人 / 221

084　向做到的人学习 / 223

085　把每一次时空变化都当作重新创业 / 225

086　用付费保护注意力 / 227

087　踏踏实实经营人生 / 229

088　给机会一个机会 / 231

目录

089　越动越聪明 / 234

090　生活不是用来学习的，而是用来践行的 / 236

091　用人生 20% 的时间养活 80% 的时间 / 238

092　真正的成长是已经看到更大的世界 / 240

093　保持热忱 / 242

094　每天都在成长，阶段性溢出 / 244

095　不说问题，只说解决方案 / 246

096　长期靠逻辑，短期靠憧憬 / 248

097　事前推演，事中调整，事后复盘 / 250

098　不管工作量有多大，都要建立在健康生活上 / 252

099　给事情赋予期限 / 254

100　做一个有吸引力的人 / 256

101　一个人的落脚点永远在自身 / 258

你不可能把所有领域内的所有事情都做好,只能聚焦在少数能做且做到极致的事情上。只有持续投入,才能把力所能及的事情做到极致。

——《时间增值:用有限创造无限》

第 1 章
全然相信地做事

001

把事情做完，做完比开工更重要

不管做多少事情，都应该秉持着把事情做完的原则。不要因为忙就半途而废，把事情做完是可贵的能力。

比如，要服务四个客户，出于职业要求，不会因为忙就放弃其中一个客户，一定要想办法把四个客户都服务好。

但如果是看书，看完是指把书的结构厘清，而不一定要把书上所有的字都看一遍。看书是为了获得知识，或享受不期而遇的某种触动。很少有人单纯为了把书看完而机械地看所有的字，直到最终毫无感触才意识到做法不可取及浪费时间。

因此，把事情做完，也要有相应的质量和收获。

人的行为是随机的，任何人都有随时开启一件事的能力，但并不是任何人都有做完一件事的能力。因此，做完比开工更重要。

比如，知道阅读重要，若希望避免徒劳，那么建立一份属于自己的包含1000本书的书单，框定阅读范围、提高确定性就是必要的，但真正完成这件事情的人寥寥无几。

开工和完成之间的桥梁是执行。善始容易善终难。一个具有成长性的人，一定是可以把事情做完的人，而不是虎头蛇尾，经常把"我又烂尾了"的遗憾挂在嘴边的人。

最好的目标是有截止时间且可量化的目标，最好的执行是不找任何借口，现在就做。一件事有没有成果，做完后才能被时间检验。善终是检验成果的起点。

002

让短期更短，让长期更长

没有人可以做所有人的生意，一个人也不能解决所有的问题。因此，在有限的时间内，要让短期更短，让长期更长。

所谓"短期更短"，是指对于那些经过评估不值得做的事，就不再去做。

所谓"长期更长"，是指一旦想明白有些事值得做就立刻去做，并尽可能做到极致，形成一种可交付的能力。这种能力可以帮助一部分人解决问题，让相关方都获利。

把想做的事项写成有明确截止时间的卡片，尽可能提前做完，多出来的时间可作为精进做事方法和能力的福利。就像还债，先还清小额债务，再还大额债务。同理，把一个目标拆解成小事并做到位，大事也便迎刃而解了。

评估目标达成所需的时间及劳动强度，两个方面达到平衡是比较理想的状态。

如果发现手上有一件事很想做，但一直都没做或是没做完，那么首先恭喜自己发现了生命中有这样重要的事，接着要从时间维度上看，更好的做法就是先完成它，再做别的。

长期的道理也很简单，就是把自己想做的事做到极致，获得长期自我肯定及客户认可，从而创造价值。

用卡片列出事件清单非常重要，这是把理论转化为实践的方式。当有两件事无法确定先做哪一件时，列出两件事的持续时间，答案便呼之欲出。要做那件具备长期价值的事。选定后，哪怕再复杂也不要畏惧，因为有时间和拆解能力做保证。

比如，计划一年写365篇文章，那就马上开始写一篇。如果感到难度很大，可以先写100字，以最小化目标启动计划，逐渐让写作变成长期生意，做到在产生信心的基础上带给别人价值。

每个人都应该在有生之年找到这样的长期生意，同时放下所有短期利益，节省时间，让短期更短，让长期更长。

003
通过读书提前储备未来的能力

"开卷有益""书中自有黄金屋""书籍是人类进步的阶梯",读书的重要性几乎人尽皆知,性价比也颇高,但身体力行的人很少。

读书需要练习,练习和使用不同。比如,可以用从未读过的书练习读书的速度,而用已经读过的书练习提炼重点并在生活中使用书中技能的能力。把练习技能和使用技能分开是非常关键的。

每个人家里都会有一些书,我们可以尝试从看完家里的书入手,练习读书技能并使用从书中提炼的信息产生结果,为未来创造财富打下基础。

每个人的学习方式都不一样。《21世纪的管理挑战》一书中提到,人有听觉型和视觉型两种学习方式,视觉型适合看书,听觉型则更适合听书。选择学习方式的标准在于学完一段时间后是否还记得学过的内容，使用哪一种学习方式的记忆更深刻。

无论我们如何阅读，都是在为创造财富和守住财富做能力储备。看不同类型的书，可以获得不同的知识。通过读书能不断获得辨别好书的能力，找到一批愿意反复看的书，踏踏实实地将其内化，使自己成为厉害的人。

那么，如何与需要反复看的书相处？

一方面，每年可以增加 3~5 本这样的高价值图书；另一方面，要把这类书放在专门的、易获取的地方，经常与它们打交道，就像我们和老朋友经常聊天一样，最终达到直接通过一本好书找到答案的效果。

每天阅读一分钟和每天阅读一小时的强度不同，长期看效果也不一样。要想有自己的阅读体系就必须多看书，筛选好书并付诸实践。因为有些书光看就如同雾里看花并不真切，只有实践后才能掌握其逻辑，心领神会。

譬如，剑飞的《极速写作：怎样一天写 10 万字》我没有实践过，只是通读了一遍，觉得书中散落着各种"废话"。但经过实践，我发现那是相关原理的浓缩，要用实践之水稀释才能看得懂。因此，那些用思维检验满是废话的书，最好再用身体践行一番，避免因为思维盲区而错过真理。通过实践发现"原来如此"时，我们会有如获至宝的感受，把书也读薄了。

日复一日储备读书的能力，拥有的便是进步的阶梯，实现的是读书致富、守富的目标。

004

用"人-货-场"商业模型做选择

商业无处不在,人们通过商业实现价值交换。一切都在商业环境中发生,看似免费的产品是通过攫取用户注意力获取价值的,赠予的礼物也有人情成本蕴含其中。因此,商业是最好的公益。

知识工作者通过"人-货-场"模型实现商业目的。

首先,"人"是做生意的知识工作者本人,负责通过出售产品或服务来换取价值。这里我们谈论的生意是小生意,而不是经营一家公司,或动用千百人的大生意。

其次,"货"是指产品和服务。每个人都可以列出自己能提供的所有产品和服务,要对每一个能产生价值的产品和服务加以重视,哪怕是一元钱的项目也可以列入其中。因为,人们不注意的小细节往往可以变成大生意，就像吉利剃须刀就是在日常生活琐事中产生的小创意。

知识工作者通过列清单，可以明确自身能力可提供的产品和服务，考虑每一个产品和服务在多长时间内能发挥出价值，以及价值有多大。要想衡量价值，有多少"货"可以交易非常重要，因为可交易的才是资产。交易会形成循环迭代，要找到属于自己的最小循环迭代，一方面是搞清楚"货"的定位，另一方面是搞清楚"货"的定价。

定位是指"货"卖给谁，自己愿意交付什么样的"货"。通过列清单会发现，自己擅长并能交付"货"的方式有很多，但基于个性，并不一定每一种都愿意做，因此，需要同时满足可交付且愿意做两个方面。

定价是指"货"卖多少钱，别人愿意支付多少钱换取我们的"货"，这要通过市场去检验。有些"货"在过去能卖出去，现在已经很难卖出去了，比如，五笔打字培训班。

最后，"场"是指在哪里卖产品和服务。提供产品和服务的场域有多大就意味着生意有多大。应该列出所有场及场的规模，比如，公众号平台是一个场，粉丝数量是这个场的规模，决定了生意能做多大。只要有商业闭环存在，生意就可以做。场是资源，场的大小决定生意产生的价值能否翻倍。

"人－货－场"模型并不是一个让你陷入思考的模型，而是一个通过列清单帮你做出选择的模型。选择了什么样的"人－货－场"，就意味着选择了做什么样的生意。这个模型可以帮自己出谋划策，但不能给别人出主意，因为其中涉及个人选择。

"人－货－场"最好的践行者是提早储备能力的人。只要做生意就会有风险，但风险大小取决于碰到想做的事情之前有没有储备好能力。单纯因为看到利益才想做，只能靠一时运气，很难把生意做久。提早储备能力的人会运用自己的智慧，让客户为之付费的触达路径最短，成为"人－货－场"模型的生动教科书。

做足练习，变难为易

所有成绩背后都有练习，一件事容易或不容易达成，差别在于所做练习的多少。人应该具有在规定时间，即"保质期"内，把事情做好的能力。

进行 1000 次练习，并不意味着前 999 次都没积累下丰富的经验，可能做过 200 次练习就已经有非常丰富的经验了，但持续下去做更多一定会让技术更加纯熟。做足够多的练习是必要的，在《哪来的天才》《刻意练习》《一万小时定律》里都有提到这一点。

练习前，对所做的事情有一个基本的了解是十分必要的。以直播为例，直播有手机直播和推流直播两种。入门时，我们做手机直播就完全可以，但想要进阶，由浅入深，就要进入推流直播的阶段。

哪怕是普通的手机直播，经过练习也会总结出一些经验，把一件看似容易的事情规范化、流程化、成熟化。具体经验有：

◎无预约不直播。

◎要有海报和主题。

◎给手机充电，直播12小时要准备2~3个充电宝备用。

◎直播开始和结束都要准时。

升级到推流直播，就需要购买设备并不断尝试，总结出推流直播的优缺点。

优点：

◎使用专业的工具，OBS软件。

◎操作简单。

◎场景丰富，比如涉及上下屏、投屏等不同场景。

缺点：

◎不能连麦。

◎准备工作相对复杂，比如要准备两个相机、多盏灯等。

◎语音和嘴型有可能对不上。

不经过实践是无法知道这些优缺点的，练习得足够多，梳理出了一系列流程，事情就会变得容易。

所谓容易，最终的体现是"难者不会，会者不难"。只要肯在练习上下功夫，任何事情都可以由难变易。流程虽然烦琐，但对于一个熟练工来说，在短时间内高质量地完成也是可能的。

比如，剑飞曾经分享过推流直播的流程，但在最后给出的建议是每个人都要做一次手机直播。这是因为，不管我们看别人做什么事，获得什么样的技术，评价是易或难，都不重要，重要的是，我们是否真的自己动手去做，用实践去检验。只有做足够多的练习，才能把难变易。

谁都做不到一口吃成胖子，或是一天就瘦下来，但我们也难免会做一些愚蠢又可笑的事情。诸如，迫切想要瘦下来，就连喝水、解手后也要上秤看体重的变化。

实际上，日拱一卒的成效并非那么显著，要看积累下来的价值，逐渐娴熟的技能是持续去做所产生的结果。

006

找到一件力所能及的事,将它做到极致

"力所能及的事"是指不一定能做到最优秀,但决定要做就可以马上做的事。如果持续去做这件事会越做越好,也就是在能力范围内将它做到极致。秉持这条"基本",将注意力放在一两件事上,你会在相应的领域成为专业人士。

以赚钱为例,核心原理在于,一个人计算出生活成本后,如300元,那么只要他每天赚钱超过300元,在时间是无限的这个前提下,日积月累,他就会成为富翁。但生命是有限的,我们必须考虑以下几点。

(1)时间的结构

持续赚钱不仅要让钱保值还要让钱增值,必须有积累。在少

数的特定领域花时间，才会在相对短的时间周期内看到显著的效果。

（2）时间的属性

一个人的生命长度是有限的，也就是时间资源有限，这就要求我们必须学会精打细算，在有限的时间内实现能力的增值。

比如，一个富翁更有可能浪费金钱，因为他的资源丰富。反之，一个穷人更可能具有精打细算的能力，因为他的资源有限。

我们在时间的维度上要体会到，人的行为是随机的，因此要不断认识到时间的属性，调整时间的结构。要将更多的时间集中在一两个领域，做那些自己力所能及的事，并尽可能达到顶级水平。

力所能及的事并不难做，因为它的根基都是一些看上去稀松平常的事，比如：

（1）认字是一件稀松平常的事

几乎每个人在十几岁的年纪都认识了大量的文字，在此基础上力所能及地去阅读，便发展出了阅读与理解能力，经过大量时间的沉淀，可能成为阅读领域的专业人士，或通过阅读在专业领域实践，提升专业水平。

（2）写字是一件稀松平常的事

通过这个根基，力所能及地记录自己每时每刻的想法，可以不断修正自己，也可以成为作家。同理，在写写画画的基础上叠加悟性，可以迭代成为艺术工作者。

（3）煮饭是一件稀松平常的事

如果对这个能力进行短暂的训练，掌握一定的方法，比如和面时掌握好水和面的比例，做出来的饭会变得更香甜。这是在煮饭上将力所能及的事做到极致的场景。

（4）呼吸是人人都会的事

如果一个人专注于呼吸，他的注意力会更集中。在女性生育时，呼吸也是决定她能否顺利生产的关键因素。

每天训练 3~5 分钟呼吸，注意力变强的同时也更容易让人进入心流模式。在这种模式下，呼吸会放缓。练好呼吸可以在很多领域体现优势，这是根本中的根本。

（5）决定看什么信息是每个人都会做的事

决定看什么信息在一定程度上来自搜索能力，搜索是一项基本技能，是人们把知识体系化的基础。

（6）说话是一件稀松平常的事

说更多积极的话也是一件力所能及的事。它能让一个人在大部分时间内保持精神愉悦，同时利用这种精神状态创造更多的价值。

简单的事经过时间的打磨可以成为一个人的核心能力，而我们每一天所做的不过是力所能及的事。

把会做的事做到极致，最终基于人类对价值的共同理念——你想做的和你做成的，也是他人能懂的、能欣赏的。

在生存的基础上求发展

在生存的基础上求发展，意味着首先要满足生存所需，若有结余，将结余用在发展上。

如何计算生存成本？

可以考虑做一个月的收支记录，通过记账了解自己的生活开销是多少。

比如，一个人的生活开销是 500 元 / 月，在此基础上翻 4 倍就是有适当结余的生存成本。

500 × 4 × 12=24000 元 / 年

这 24000 元就是这个人一年的生存成本。通常生存成本以年为单位调整，将其扩展到两三年，便可以留给自己足够的空间，暂时不考虑生存问题，而专注于发展。

在这个例子中，24000×3=72000元，即这个人三年不考虑生存问题，只专注于发展的生存成本是72000元。

满足生存所需，才有能力去发展。在生存的基础上求发展隐含的原理是，一个人需要不断地工作和学习。

如果一个人始终处在生存线上，便会感到没有获得新知。如果一个人感受到"今天收获很大"，那么可以判定他处在发展线上。收获就是发展，要有足够的时间和金钱作为支撑。

一个人应该考虑通过列清单的方式，对所做的一系列事情是处在生存线上还是发展线上加以区分。尽可能多地做发展线上的事情，但不能脱离生存线。因为生存意味着能力的应用，如果没有满足生存所需，便会陷入长期困惑，以至于产生"我学这些东西干什么"的质疑。

要把注意力尽可能多地放在发展线上：

一是通过赚到的钱去保住时间，把时间用在发展上。

二是通过节省时间获得发展的时间。比如，把家搬到公司附近，节省出2小时，用这2小时谋发展。

不过，永远不要期待将放假这样大量的休闲时间转化成发展时间。因为如果日常生活中没有建立起相应的时间使用方式，在假期也不可能突然获得支配时间的能力。

当然，人不可能完全闲着，总会找事情做。今天做的规划，对于明天也会具有意义。这是习惯所产生的连续性作用，它避免了行为的随机性，也表明了在平时养成习惯的重要性。如果没有习惯，又想避免行为的随机性，主动设置发呆、冥想的时间就是必要的。

发展是对未来的关照。想要未来过得好，人需要主动思考未来的事情。

不过，处在发展线上的人也有可能掉回生存线。比如，著名影星尼古拉斯·凯奇理论上不会贫穷，但他的挥霍导致了贫穷的发生。有钱但不控制支出，不考虑生活成本，没有让更多有价值的事情占用自身时间，就很可能把钱浪费在一些本不该花钱的地方，进而导致贫穷。

可见，每个人都需要有 3~5 种培养中的能力，虽然暂时用不上，但可以不断去学。这样既可以让自己有才华，也可以让自己过得很幸福，还不容易乱花钱。毕竟，一个人不可能对一件事持续产生兴趣而不感到疲劳。对一件事的兴趣是阶段性的，有三五件感兴趣的事作为储备，就可以去钻研及发展它们，同时也避免了乱花钱。

培养 3~5 种可发展的能力，这一理念是罗素在《幸福之路》一书中提到的，这 3~5 种能力从哪里找呢？可以把自己做过但是没做完的事情拿出来梳理一下。你会发现，其中一定有令你阶段性感兴趣的事，就好像所谓的流行是不断循环往复的。所谓的兴趣，实际上也会集中在一定的时间内，通过这种方式可以确定在相当长的一段时间内你的发展范围。

  一个人在生存的基础上求发展，本质上是从一种混乱进入一种有秩序的节奏中。在生存线下，人会完全为了生活疲于奔命。在发展线上，人们俨然在推敲和总结一种秩序和节奏，让生活变得更有掌控感，满足自己想要得到幸福的需求。

用有限创造无限

什么是有限？什么是无限？

有限就是有边界，反之则是无限。举例说明更容易理解：

一天 24 小时是有限的，但一天之内做的事情是可以变化的，是无限的。

一天的语写字数是有限的，但写作内容是不固定的，哪怕主题固定，内容也可以变化，是无限的。

"将力所能及的事做到极致""在生存的基础上求发展""用有限创造无限"，是组合三部曲。

比如，从 2G 时代，语写创始人剑飞就开始练习，一直坚持到 5G 时代。

2G 时代网络信号差，要想进行语写，要遵循"将力所能及的事做到极致"和"用有限创造无限"的原则，虽然每天写的字数不多，但是内容上富有变化。

3G 时代网络速度略快，但遵循"在生存的基础上求发展"的原则，他没有马上换成 3G 网络去写作，而是坚持在 2G 网络下创作。

4G 时代和 5G 时代同理，在每一个时代，他都遵循当下的"将力所能及的事做到极致"，做到"用有限创造无限"。因为"用有限创造无限"还暗含了一个原则——技术是可以无限发展的，但素材是不容易追溯的。如果当前没有做到素材积累，未来就很难通过技术去实现素材的加工和转化。

如果有充足的语写内容作为素材，未来就可以通过 ChatGPT 对这些素材进行加工，生成一个完全具备剑飞思维和语言能力的对话式 AI，剑飞的思维就活在了赛博空间。但如果没有语写素材，巧妇难为无米之炊，单纯靠技术手段是无法延展和创造新内容的。

当下有限的语写素材在未来会变成一种思维语言，甚至可以在任何时候与晚辈进行对话，分享经验与理念，分享故事与家风，这样就创造了相对无限的价值。

可以看出，"用有限创造无限"的理念是"相对"的。

比如，当前的赚钱能力是一个月赚 1 万元，那么一个月赚 100 万元是"无限"。但当真的做到了一个月赚 100 万元时，就会认识到这个无限变成了有限，新的无限会同时诞生，可能是一个月赚 1000 万元。任何事物，达成了就会变成"有限"。

拍照也是如此。相机的存储量是有限的，但拍出的内容可以是无限的。一个摄影师利用好这个原则，并"将力所能及的事做到极致"，就可能变成一个优秀的摄影师。如果想成为顶级摄影师，需要"在生存的基础上求发展"，用能力创造无限。对于顶级摄影师，每次他看到新上市的好相机都会将其收藏在购物车，当厂家发现他对自家的相机感兴趣时就会送给他。这是通过能力置换资源，实现了"用有限创造无限"。

大脑的容量是有限的，但想象力是无限的。我们正是利用了这一点创造了更多，学到了更多。要把"将力所能及的事做到极致""在生存的基础上求发展""用有限创造无限"这几个"基本"通过学、思、做转化成自己的财富。

009

习得把一件事做成的能力

2022 年，剑飞通过完成 1000 场直播展示了他做成一件事的能力。我当时有一种"吃瓜群众"看戏的心理，但经过一年，我自然见证了他目标的达成。这是一种很好的示范，他用行动告诉大家如何把事情做成。

1. 利用卡片列计划

剑飞有一个卡片夹，他推荐我们购买 600 张卡片，每张上面写一个计划内容和截止时间。卡片夹用来放这些计划卡片，方便回顾。一年下来可以看到写了多少张，完成了多少，一目了然。把完成 1000 场直播当作一个项目来做，就是他在当年 4 月 13

日写的卡片计划。

2. 明确行动的底层逻辑

1000 场直播的底层逻辑是，没有什么能力是一下子获得的，不训练就无法发展相关的能力。经过 200 场直播训练，会发现自己的能力和第一场直播时已经不同，做完 1000 场的能力和启动计划时自然也不同，这需要时间的累积，在时间维度上做大量实践。

我们做事前应该考虑清楚一件事的底层逻辑。比如，我设定了一个"22 点睡觉，6 点起床"的 100 天早睡早起方案，它对我来说意味着，生活更有节奏感，早上做事效率更高，身体更健康。行动的底层逻辑就像"救命稻草"，在最不想行动的时候给予精神上的助推，让自己回忆起来当时为什么要做这件事。

3. 练习的心态很重要

设置并公布要做 1000 场直播，证明剑飞当时信心满满。平均下来一天要播 3 场，实际上体力消耗还是很大的。但好的心态可以抵御身体之苦，让人拥有精神动力去克服困难。

我在设置早睡早起计划时也信心满满，投入了 1 万元作为奖罚基金，让家属监督我。如果我没有相信自己可以完成的心态，一定不会投入这么高的成本来做这件事。

4. 立刻开始很重要

直播对于剑飞来说，是语写的衍生。语写可以一秒开始，直播也可以，它们差不多是同样的能力，但也有差别。需要在这个过程中，至少把一秒开始进入状态的能力迁移过来。

在进行了 5 年语写训练后，我也逐渐养成了想到就去做、立刻开始的能力。在设置早睡早起计划的最初，它只是一个在写作中流出的念头，但我在当天就开始执行，立刻进入了状态。如果做不到这一点，就证明还不够熟练。

5. 做到"体力活"之前，技巧并不重要

使用技巧可以锦上添花，但"体力活"是必经之路。"体力活"能让人看到成长的过程，并预见未来。很多人都觉得纯体力劳动没有技巧重要，但实际上，必须做够一定的"体力活"再加上技巧才会更有效。

1000 场直播本身就是"体力活"。必须在不习惯到习惯之间反复实践，搭建桥梁，其中或许有一些技巧，但必须建立在"体力活"的基础上。

6. 持续创造稳定性

量级是创造稳定性的基础，做一场直播容易，但做 100 场或 1000 场是不容易的。这样的量级证明了稳定性，证明了一个人在某个方面持续投入并期望取得成果的强烈意愿。

7. 有记录才可被追忆

2020 年剑飞就开始尝试直播了，但 2022 年时他才设定了直播 1000 场的目标，之前的都是练习。核心原因是 2022 年技术上实现了直播可回放，做 1000 场直播这件事会留下痕迹，但这并不代表直播内容可以多次售卖。

很多人认为多次售卖是留下痕迹的体现，但并没有考虑到只有反复触动才能产生售卖。比如，一本书在很久以前出版过，后面会通过再版再次售卖。

另外，我认为有记录才可被追忆的另一个价值在于激励。如果我做到 100 天早睡早起，那么被记录下来的这 100 天的行为就会在我遇到困难的时候激励我，让我感受到我是有能力做到任何事的，或者在做到 80 天的时候让我感觉已经完成了 80%，剩下的 20% 就相对好做了。

同时，通过记录可以看到完成事情速度的提升，做得越来越好的能力也可以得到体现。

8. 做得多不会更优秀，停下来思考细节才能改进

做"体力活"不代表不动脑，刻意练习意味着需要不断复盘和改进。剑飞在 1000 场直播中及时吸收粉丝的反馈意见，只要有粉丝说这些内容之前讲过了，他便会反思这段时间自己是不是因输入不足导致输出质量降低。

在 100 天早睡早起计划中，也不能无脑地按时间规范执行，因为总会遇到危机，比如孩子不睡，在遇到各种问题的时候，把解决问题转化成经验的一部分，才可能在 100 天中有所收获。

9. 过程一定会跌跌撞撞

我始终记得，在 1000 场直播收官的时候，恰逢剑飞感染了新冠。这是一个很明显的坎儿，但在前 999 场直播中积累的粉丝帮助他共同完成了第 1000 场直播大课。这也让这 1000 场直

播变得更有意义。

同样地,在执行 100 天早睡早起计划时,要先有危机意识,同时要有乐观精神。

以上便是把一件事做成的奥秘。

慢慢来，比较快

"慢慢来"是在规定好任务目标后循序渐进地推动，有目标的人更容易把目标做成，最终形成一种"快"的效果。

没有目标，就会做"无规则布朗运动"，或者在遇到困难时退缩，事情中道而止。

高手通常具有稳中求进的做法与心态。每隔几年，我们就能观察到身边的一些人成长速度非常快，这样的人便是高手。

通常，这样的人在时间上是相对自由的，因为自由才能激发创造力。人在一天中，要给自己留大约8%的时间用于"浪费"，即休闲娱乐。如果人太紧绷，就不符合自由才能激发创造力的原则，也很难投入热情去做事。

热忱是慢慢来的一个基础条件，如果对一件事充满感情，情感会倾注到事情中推动事情发展，但仅靠情感维系是没有用的。

商业是非常好的公益。即当"有利可图"的时候，驱动力会增强，谁提供了服务或产品，谁就对这样的服务或产品负责。

氛围或外在评价，对于持续做一件事也有帮助。直播是具有互动属性的，当剑飞直播时，有观众提供互动反馈，反馈会产生价值，促成下一次开播。做 1000 场直播意味着有 999 次改进的可能。这些改进的前提是去做，边尝试边迭代，从而形成结果，重点是把事情做成。因此，给慢慢来设置一个期限，知道什么时间可以做成是必要的。

持续去做是有难度的，如果从来没有做到过会感觉这是在突破极限，但实际上，凡是我们能达到的高度都算不上极限，只是在做的过程中把自己的真实能力绽放了出来。

剑飞说，在一个领域每天投入 3% 的时间，积极改进自己在相关领域的专业度，可以成为专家。"每天"并不是一天两天，而是以 10 年起步。慢慢来，比较快，是耐得住性子每天做功从而取得成功的战术，是主观思维和行动力同时发力才能做好的事。

这种战术看着非常像熬制辣酱，小火慢炖不断搅拌，日复一日年复一年。或许某一天我们忽然感觉到自己老了，但那时候，我们已经成为某个行业的顶级专家。为此，加油吧！按照一辈子三万多天计算，这样加油努力的日子也不过两万多天而已。

第一次永远不会是最好的,大不了搞砸

在传统观念里,我们经常过分在意第一次的体验,希望一锤定音、一气呵成,不要犯错。但在现实情况中,我们经常会因为第一次做而搞出一些意外状况,这被我们定义为"搞砸"。

在剑飞与学员的连麦直播里,学员分享了他们的某次对话。大概的场景还原如下:

学员:平台请我去做分享,但我从来没做过,怎么办?

剑飞:第一次永远都不会是最好的,大不了搞砸嘛。

学员:那我就去吧。

剑飞：去吧，况且你也搞不砸。

一方面，我们要接受自己的不完美，尤其是在第一次做的时候，抱着一定会遇到问题的心态反而不会让自己过于紧绷和害怕。如果真的很顺利，那就恭喜自己，证明自己已经具备了能力，只是自己还不知道而已。

另一方面，"况且你也搞不砸"更说明了是因为你有能力，平台才会请你去分享。所以，我们一旦获得机会，哪怕是第一次，也应该对自己有信心。别人并不会不经评估就请我们去做一些事。哪怕第一次不太熟练，也应该珍惜这个机会。

有时，我们会高估自己，期望自己一次成功；有时，我们会低估自己，觉得自己一定会搞砸。

其实，这两者都是不大容易的事情。

基于此，确定一些基本原则很重要，因为这些基本原则会在某种程度上打破你的思维盲点，让你眼前一亮，并认识到原来自己没有想象中的那么好或那么糟。这些原则聚焦于长期主义和积极思考，能给人带来巨大的启示——

遵循基本原则会带给自己长期的快乐。

因为遇到问题，我们会积极思考。

长期主义是我们做事的方式，不急不躁，坚定地相信：只要去做，现在可能会取得小的进步，未来可能会取得大的成效。

没有的，就去创造

"没有的，就去创造"，自己创造一份工作，变成商业模式的一部分。有些人可能没有找到喜欢的工作，但通过创造就可以拥有。任何人都应该有勇气去使用这种敢于做自己的能力。

这听上去像说大话，给人感觉是站着说话不腰疼。但从做到的人身上我们可以看到，这种做法关键在于以下三点：

◎ 思维模式。

◎ 刻意练习。

◎ 是否有梦想。

思维模式上采用"只说解决方案不说问题"的方式，这样会有更多的解决方案，不要不断地抱怨存在的问题。

LV 的创始人路易·威登 15 岁时还是个穷小子，他家距离巴黎有 400 公里。在当时，坐火车能较快到达，但他的生活水平处在生存线以下，因此，他想到的解决方案是边走边打工，他历时两年才到达巴黎。

如果我们突然失业，生活水平可能会一下子掉到生存线以下，虽然面临的具体情况可能和路易·威登不同，但借鉴他的思维方式，我们也可以创造机会，获得一个解决方案。

更何况我们身处网络时代，互联网和物流让无论身处几线城市的人都可以获得一线的成长速度。我们并不用像路易·威登一样千里迢迢去巴黎学技能和追求梦想，在家也有很多可能性。

路易·威登在巴黎干了 15 年，32 岁还没有结婚，他专注于事业上的打磨，并于 35 岁创业。从无到有，没有就去创造，路易·威登在 15 年的刻意练习，以及在生存线下不断往上爬的历程中坚持自己的梦想，塑造了他后来的成功。

如果他没有坚定的梦想，那么在去往巴黎的两年里，他很可能会停留在某处，获得一份稳定的收入，过平凡的人生。但因为梦想，他没有停下脚步，为自己创造了未来。

路易·威登经历了在生存的基础上求发展，将力所能及的事做到极致。

如果找不到工作，可以充分利用自己所有的技能去创造一份工作。经过计算，在一个领域投入 300~400 小时可以达到入门级水平，像路易·威登一样刻意练习，15 年一定会成为某个方面的专家。

如果要问"在这期间怎么办？"其实像狄更斯这样的作家更好地回答了这个问题——白天工作，晚上写作。

刻意练习并不是一天到晚都在练习，一个人只要能每天空出 1~2 小时练习，在一定程度上就能干成一件事，这种练习完全不需要脱岗。

虽说方法很重要，但其实这个世界上遍地都是方法，最缺乏的反而是实践。刻意练习对于一个打工人来讲，是一个时间排序问题，而不是时间的问题。

当你拥有好的时间结构，把重要的事情安排在一天的时间轴内作为目标去实践时，就更可能实现刻意练习。

喜欢音乐的人，喜欢坐在音乐厅听顶级钢琴家演奏，聆听一场完美的演出。但对于一个成长者来说，当你拥有"没有的，就去创造"的理念时，会更喜欢看钢琴手练习，看他如何蜕变成顶级钢琴家，成为领域内的顶级人物。要明白，长期主义可以让你成为你梦想领域的缔造者。

虽然我们不是路易·威登，无法复刻他的机会和运气，但归根结底，拥有什么样的理念，就会拥有什么样的生活。

013

给自己的时间标价，让时间更值钱

人的行为是在时间的维度上开展的，没有时间就不能创造价值。剑飞根据自己的三大理论开发了一系列的实践服务。

三大理论在我看来包括以下三个基本点：

◎ 人的行为是随机的。

◎ 自由才能创造。

◎ 实践证明存在。

三大理论形成了稳定的基本结构，让我们看到人应该遵循什么样的基本规律，在有限的生命时间轴上实现自我。

"实践服务"是我对剑飞系列课程的解释，因为把它们叫作"课程"实在是不够准确。如果说课程的价值在于提供解决方案，那么这种解决方案只能决定一件事的 20%，若没有 80% 的实践和应用，这种解决方案相当于不存在。

实践是让人能够进步的根本，故而"实践证明存在"是剑飞的三大理论之一。人的思想是丰富的，行为的随机性很大。在时间的尺度下，会随机形成一个个分散的点，这些分散的点并不具有势能，只有聚焦，这些点才能产生价值。

"实践服务"就是通过一系列的"实践工具"——语写 App、时间统计 App、剑飞阅读 App、人生规划 App、剑飞记账 App 等去督促实践，让一个人在时间上行为聚焦且有迹可循，进而产生价值。

人在年轻的时候很难明白时间的价值，等到了年老时，因为时间稀缺反而顿悟时间真的很值钱。如果我们经常用未来思维去看自己的人生，那么理解时间价值的可能性会更大，合理利用时间的可能性也会更大。在电影《本杰明·巴顿奇事》中，看到一个人的生命倒流让人更有感觉。

但不管什么时候理解时间的价值，我们都已经活了一些年头，都可以从当下开始进行时间记录，追本溯源。就像那句话所说的："你如何度过你的一天，你就会如何度过你的一生。"

可以通过时间记录看看自己是如何支配时间的，想想自己是否具有一定的时间自由度，因为"自由才能创造"。

时间自由度是时间价值的一部分。可以通过单位时间去衡量时间价值的高低。比如，同样为了赚 1000 元，我们的工作时间是 1 小时，而别人的工作时间是 5 小时，那么我们的时间价值便更高，并且如果剩余的时间是自由的，还可以进行更多的创造。

这样衡量出的时间价值属性是针对当下的，当我们厘清当下之后便应该扩大视野面向未来，给未来的时间标价。比如，把年薪从 100 万元调整成 1000 万元，并定下目标：这是我在 50 岁时，即 X 年 X 月 X 日要达到的目标。

把这样的思路放在当下，便可以计算出时间价值。现在每一笔时间支出都会关联 1000 万元的目标，让我们具备一种活在未来的视角，也更能激发人的斗志。

或许你会觉得斗志就像鸡血，发现目标无法达成时，斗志便不在了，目标也会消失。其实，当我们能够动态调整或分析目标的时候，目标便是鲜活的。

一个人拥有一亿元或更多金钱，金钱的使用率会下降。因为他通过能力就可以置换很多资源，而不用太多金钱。但一个人拥有的时间不会因为其能力的增强而延长，一天只有 24 小时，对谁都一样。可见，时间是我们更该斟酌和合理使用的宝贵资源。

听所说、看所写并非做所成，做成才能明白听所说、看所写的含金量。人是通过实践才会学到新知识的物种，当我们把现有技能用在自己身上，并掌握和理解自己的时间价值这一具体数据时，才能更好地让数据影响行为，再通过行为改变数据，这样才能真正实现 100 人里 99 人都想要的——财富自由。

请试着感受时间的价值属性，观照当下，面向未来。

014

没有批评，只有改进

往事不可追，没有后悔药。

当做完一件事发现不对劲时，最好的办法就是改进，而不是陷入自我批评和后悔的泥潭。

"陷入"会让更多的时间被继续投入"不对劲"的泥潭，使人无法脱离出来并改正。

时间的属性是一去不复返，情绪可以来来回回地拥有和感受，但时间过去就意味着错过时机。

没有批评，只有改进，可以让一个人尽快从失败的情绪中走出来，恢复战斗意志，继续朝着矫正过的路前进。这种思维模式看似少了反复品味人生的温度，实际上却多了一份前进的智慧高度。

批评，大抵是成长中留下的后遗症。大多数老师和家长都会在我们犯错时批评我们，少有人会把重点放在改进上。这种观念一直影响我们到现在，核心在于我们认为当下很重要。生命是一段时间而不是一个时间点，在一个点上做错事并不意味着全盘皆输，只要改进，就可以翻盘。

因此，每当我们看到史玉柱那样几次经历重大挫折还能再创辉煌的人，都觉得羡慕和不可思议。然而实际上，他不过是遵循了类似的基本原则——

放下过往，继续前行，集中精力做现在应该做的事情。也就是"没有批评，只有改进"。

领悟道理只需要一时半会儿，践行道理却是终身的功课。每一个基本原则都在一些成功人士身上有所显现，我们是否能洞悉，并把它们迁移到自己身上，使其成为自己的本领呢？向高手学习并学有所成不是一句口号，而是一种行动。

切换固有认知，遇到做得不太对或不太好的地方，在迷途知返的时候不批评自己而是专注于改进，于是发现，"往事不可追，没有后悔药"的人生也非常精彩，因为——

我不曾为过去的"错误"懊恼并持续买单，我只为未来做对的事长久地付出行动。

我想,"没有批评,只有改进"会让人减少很多内耗,是一种面向未来的姿态,能使人生更加幸福。

"没有批评,只有改进。"

这是剑飞的《时间记录:数据反映行为,行为改变数据》一书中提到的,关于时间记录应该遵循的原则。

写作面墙，读书面窗

专注做事的时刻，是一个人发光的时刻。这一刻如果被拉长，它升腾出来的是一种使命感——似乎这个人就是为了这件事而活的。

专注是需要环境加持的，营造一个好的环境可以为我们的专注助力。

专注是需要训练的，有一个很有趣的训练方法，无论是疲劳需要放松时，还是需要提升专注力时，都可以去做：

用3~15分钟的时间观察周遭，只记物品的形状和颜色，待时间过去后，回忆并复述自己看到了什么。

这看上去是对记忆力的训练，其实是对精力和专注力的管理。

按照我的理解，这是营造内心环境的方式。我们每天会接触大量的信息，这 3~15 分钟的时间可以让注意力放在相对简单又有一点儿训练难度的事情上，营造一种心灵上的放松。

不过开始可能会很难真正放松，观察周遭的时候心里会蹦出一些杂音："你好笨呀，怎么记不住这个花花世界呢？"后来慢慢游刃有余了一些，靠重复训练打破了内心屏障，靠熟悉有了一些心得。

心灵需要耕耘，专注力训练是每天都可以花时间料理心灵的方式。除此之外，读书和写作应该也是每个成长者所面临的日课，对此，环境相当重要。

最初我会觉得，如果一个人不挑环境，随时可"战"，那岂不是效率更高？但逐渐发现，闹市读书这种能力，如果没有伟人一般的毅力和信念，很难靠训练获得。不如用仪式感来保护自己的时间，创造更多的价值。

写作面墙，读书面窗，就是一种很有仪式感的解决方案。

写作面墙可以让自己更聚焦，纸面是白色的，墙面也一样，相当于在无限的空间中写下心中的有限思绪，让有限思绪被表达得更酣畅淋漓。

读书面窗可以让自己更开阔，图书带领我们看广阔的世界，窗外的风景如同书中的某一页，乍一看没什么，仔细一品便可知个中细节。

一个喜欢读书和写作的人,在长期做这两件事的时候,必须给它们配置较好的环境,让吸引力法则和仪式感同时作用于自身。我被自己配置的环境所吸引,我被仪式感召唤出读书和写作的使命。

如果在这方面训练有素,那便会在遇到任何一个新环境时进行评估——哪里摆张书桌,哪里添把椅子……

有人说,文艺是唯美的。这大概是因为搞艺术的人必须让自己专注才能输出价值,哪怕是乱,也得乱中有序,让空气中有一种努力和知识漫溢的味道。

我很喜欢看豆瓣上类似"请来参观我的书房""我家的读书角"这样的话题,我能看到有很多人从灵魂深处追求着这份"写作面墙,读书面窗"的理想。

016 使用有效率的工具——键盘和双拼

如今，知识工作者离不开电脑和手机处理信息。

手机似乎已成为每个人延伸出来的又一个新"器官"，最大化扩展了人们的视野，让一个人在有限的屏幕上获得无限。

剑飞的第一本书《极速写作：怎样一天写10万字》中介绍了很多效率工具，帮助解决问题：已离不开电脑和手机的知识工作者如何通过配备一个让人感到美好的键盘，并保持一种有韵律感的使用方式，提高效率、减少焦虑，让生活更从容。

2018年，我学会了双拼，很难说是因为键盘的升级让我学会了双拼，还是因为学会了双拼让我更喜欢键盘输出。双拼是一个5分钟就能掌握原理，1周基本就能学会的技能。但对于很多人来说，宁愿用熟悉的全拼也不愿学这个短期内就可以掌握的技能。即便知道可以大幅提升效率也无动于衷。

我当初是抱着随缘的心态开始学习的，只是想试试看，就向剑飞讨教了学习方法。5分钟后我就明白了，只要照着双拼表去练习就可以。但当时使用的键盘比较"刷存在感"，按上去"砰砰砰"的，我像个装订工。

为了让双拼练习顺利，我买了静电容键盘。1周后，我发现，技能和工具结合在一起产生了神奇的效果。工具的改变实际上带来的是心态的改变，以及生活状态的改变。改变是一个人跳出舒适区，进入学习区的一种尝试。大多数人不愿意改变，是害怕这个过程像一面镜子照出自己的笨拙。

拥有静电容键盘前，我拿着双拼表边看边练，几乎就是在表演"二龙戏珠"——两根食指敲键盘。那时的我常会感到自己是个笨蛋，有些灰心，但我一不做二不休，把手机输入法也改成了双拼模式，以此加强练习。

在心态上，我想：

首先，没人看到这个过程，我大胆练习就好。

其次，我把双拼表当作"初恋表"，让自己特别喜欢它，并产生肌肉记忆。

再次，我把静电容键盘当作学双拼的礼物，享受它那软软的触感。

最后，我把打字当作弹钢琴，随着双手在键盘上不断飞舞，幻想自己是一个文字钢琴家。

双拼的节奏感很强，每按键两次就可以打出一个字，不像全拼那样没有规律，因此更容易产生节奏感和效率。比如，当你打"张"字时，全拼要求你输入"zhang"，但双拼自然码方案只要求你输入"vh"，瞬间节省了三次按键。

学会双拼后，我的生活状态发生了很大的变化，像是掌握了一项特异功能。因为打字确实是每天都会做的事情，因此我感到生命增值了。

很多事都与此类似。在听说一个生活中接触频繁但需要学一学的技能或方法时，不妨主动去做，打破不愿改变的"懒"，把它化作一种品尝生活的"鲜"，最终会发现结果很"美"。

有些东西不去做就不能发现其中的奥妙。工作中有人知道我使用的输入法与他们不同，不但很少去问去学，甚至觉得我用的工具很小众、很奇怪。这让我时常在想，除了这件事，在其他事情上，我是不是也具有好奇心并勇于尝试。但愿我们可以有意识地培养出这样的好奇心并勇于尝试，从每一个细节中提升自己的生活品质。

赋予意义但不讨论意义

故事，是人类喜欢的模式。故事的本质是赋予意义。

当一个人在计划做一件事的时候，某种程度上已经对这件事有过"故事"层面的处理了，即赋予意义——知道自己这样做是为了什么，有什么用，能实现什么价值或梦想。毫无疑问，这是人类相较于其他生物的高级属性。

但对追寻意义有时候也必须保持警惕，因为它不利于一个人成长。硬币的两面性是不容忽视的，本以为追寻意义是一件非常好的事情，但逐渐发现追寻意义是要分阶段的，否则就会陷入只讨论意义的误区。

一个高手不是通过谈论意义最终成为高手的，而是通过刻意练习。剑飞在推广语写的时候，总是会被人下意识地问"语写有什么用，有什么价值？"基于我们的高级属性，这确实是一个值得深思的问题。不过在教学两三年后，剑飞老师就不回答意义属性的问题了。因为意义在每个人心中是不同的，意义是做出来之后通过体会总结出来的。意义是一个哲学问题，剑飞是一个实践型教练，语写是一个实操型工具。

如果问一个实践问题，我们会获得一个好答案，但如果问一个哲学问题，我们实际上是在引导对方给自己讲一个完美的故事。这个故事自己讲给自己会更有说服力。

为什么要语写？语写有什么用？语写有什么价值？这些问题应该在自己开展学习前搞清楚，或者带着这样的疑问把行动做到位，让时间给自己一个更加准确的答案。一个人不经过实践是很难说出一件事的价值的。比如，我通过语写完成了两千万字，我更能够明白做这件事的意义是培养能力：

首先，我拥有的是持续且依然在做一件事的能力。

其次，我拥有了相信的能力，并且基于语写带给我的价值能实现进一步的创造。

再次，我拥有了可迁移的持之以恒的能力。比如，完成200天的英语学习，这对我来讲没什么难度。

最后，我拥有了不需要意志力就能坚持，把行为固化成习惯的能力。

这些意义都不是在语写前可以想清楚的,必须先要去做。

顶级高手或教练更喜欢和人探讨怎么做、有什么可以优化的步骤、如何做得更好等,找到让专业技能精深的方法。他们有清晰的原则,并知道怎么去处理一个又一个的具体问题。

那种靠下意识的反应所生成的想法,例如,我先看看别人是怎么做的、先找找这件事有什么意义等,是和顶级高手不在同一个频道上的想法,是普通人的思路。

赋予意义但不讨论意义,只管去做,这才是高手的做法。如此一来,你再也不会问,读书有什么意义,吃饭有什么意义,工作有什么意义……只有去做,意义才能浮出水面。

就像当一个人开始写作的时候,他就已经是一个创作者了,无须多问写作的意义,比意义更重要的是把它做到极致,成为专业的作家。

018

公布目标，是撬动目标达成的杠杆

公布目标，是撬动目标达成的杠杆。对这句话最浅层的理解是，当目标公布后，相当于有一群人在背后默默监督我们，有了约束力，可以促进目标的达成。

不过，这里还有一种新的解释。

公布目标相当于"向宇宙下订单"，告诉全世界"我要这么做了"。核心是，很多资源会倾向给予有目标的人。

这背后的原理在于吸引力法则，你需要什么便会关注什么，关注一样事物就容易被周边的人知道。若他们有了相应的资源，便更可能想到你，你也就更容易抓住资源和机会。

由此，我们最终会得到因公布目标而带来的机遇。在杠杆效应的作用下，通过更少的努力就能取得更多的成果。

这个原理像魔法一样。如果看过电影《时间旅行者的妻子》，可能会更加理解这种感觉。女主角像给宇宙下了一个订单，在笔记本上记录了她的丈夫何时何地出现在她的生活中。任何有时间旅行能力的人理论上都可以成为她的丈夫，只要按照笔记本上记录的执行就可以。

在现实生活中，我也如法炮制。三十多岁时我突然产生了强烈的结婚愿望，这让我遇到了一系列贵人，为我提供了相亲平台，使得我按照规划满意地把自己嫁了出去。或许是"念念不忘，必有回响"，当目标较为清晰并被公布时，你会发现，公布了什么就可能获得什么，因为有资源的人可能正好看到并顺手给了你一个解决方案。这些人或许就是宇宙安排的吧，但实际上也源于我们紧紧盯着目标。当这些人出现的时候，我们能敏锐地觉察到，并接受他们的帮助。

不过这并不意味着有目标时，我们等人来帮就行。而是说，我们活在了一个好的场域里面，更有资源和力量去做这件事，加之足够努力，达成目标比较顺利。

当你想做一件事，并感受到这件事在冥冥之中也给了你回应时，这种感觉是最"爽"的。

就像我不断地写作，慢慢地想要写书，并发出了"订单"。

我收到了很多鼓励的言语，这些言语汇成了一个能量场，让看不到的资源流向我。这也促使我想要写系列文章，把 101 个基本变成 101 次行动。

我相信这是一件十分有意义也很好玩的事情。如果不公布目标，资源和意念就是分散的，各自为政。公布目标，实现了整合，我每天都会学习一些基本原则并写出感受，用更少的力气沉淀出成果。至于能不能出书，谁知道呢？先下了订单再说。如果大家能看到我写的书，那么证明我成功了，宇宙接受了我的订单。

我们从小就被告知，一分耕耘一分收获，但很少会觉得公布目标本身就是解决方案的一部分。如果能这样思考，你会发现，坦荡不仅能带给世界力量，也能带给自己更多实现愿望的可能性。

019
在计算好的时间成本内做事

让时间成本可控,是做事有效率的起点。

做事有效率不代表不浪费时间,而是说把时间浪费在让自己心甘情愿的地方。我们完全可以决定是否要长期做一件事。

要想在一个领域有入门级的水平,大概需要 300 小时的练习时间。做完这些练习后,再通过感受判断自己是否长期持有这种水平,是否愿意把它变成习惯并做到精深。

这个做法类似投资,投资有风险,有收益就会有亏损。同样地,花时间去做一件事,我们也不能确定绝对有收获。因此,可以先把可投入的时间控制在一定范围内，即控制时间成本。

一般的投资是指投钱，做事的投资是指投入时间。长期投资，就是要在一段大于或等于 300 小时的范围内去做一件事，要把时间成本和风险控制在这个范围内。在这个范围内，只管去做。

另外，做事效率的提升在于两方面：

（1）做事的时候不带情绪。

（2）把规划和行动分开。

不带情绪做事，能让自己更集中精力地处理事情，而不会分散注意力来处理情绪，这会让做事效率更高。

把规划和行动分开，是指让自己在可控时间成本内不再质疑事情本身有没有意义。规划是定下目标时的状态，在这期间就该考虑好事情的意义，但人在做事的过程中不可能完全不想意义的问题，因为我们需要通过过程去感受，产生相应的对意义的判断。不过我们依然可以选择孤注一掷，不在这个时间范围内去探讨事情的意义。

为了做到这一点，可以这样考虑：

◎我已经将时间成本控制在 300 小时内了，有时间范围约束就无所谓浪费。

◎我还年轻，这件事哪怕没有什么意义，至少我也用这些时间证明了这一点。

◎体验比什么都重要，体验才有说服力。

◎如果真的没意义，超出时间范围后再也不去做就可以了。

如此便实现了在计算好的时间范围内做事，拥有了高效且富有探索精神的生活。

这套理论可以用在多个方面，比如：

◎语写 1000 万字，但很多都是废话，这或许没用。但我控制在 3 年内完成，哪怕没用，我至少知道了哪些内容没用，哪些内容是有点儿用处的。

◎整理 1000 本书的书单，看起来或许没用。不过我了解了 1000 本书的书名，后续选书时也有了一个可选范围，虽然不一定能将这 1000 本书读完，但可以尝试去读。

◎每天自拍一张照片，都是那张脸，有什么好拍的？这件事现在或许没用，但以后可能会发现，时间的痕迹就藏在里面。

以上三件事都是剑飞老师倡导的事情，如果没有做过，可以用这个理论结合这些事情去实践，相信这样做后你更能体会在计算好的时间成本内把事情做完的价值。

020

1秒进入状态，衔接过去，穿越未来

每一天我们都会有很多的想法，它们来了又走，多数不留踪迹。我也曾想过，是否可以把所有的思考变成文字保留下来？后来发现，语写在一定程度上实现了这个想法，每天启动语写的时候，都是对当时思考的完整呈现。逐渐习惯这种生活方式后，很多想法有了驻足地，不再随便地来了又走。

"最大程度地进行创造"是语写的核心理念。它使得生命具有意义，是活得爽快的根本。

要想实现"最大程度地进行创造"，首先在于马上启动，这样才算得上是当前时间能力范围内的最大程度。

比如，让你马上运动，是从三个俯卧撑开始的；而语写是从打开手机，直接进入"专注语写"状态的文本框开始的。减少一些步骤，就会降低一些启动成本，行动起来也会更容易一些。

比如，相对于坐在电脑前打字，用手机语写会方便很多，1秒呈现到文本框里的语音，又给这种启动加了速。

工具如果能帮助人逐渐实现思想上的专注，则可以断定这个工具在功能设计上用了心，是把理论注入实践的好产品。

对于写作来讲，逻辑是非常重要的，但语写可以"去逻辑化"，1秒呈现思想。只要在单独的段落里，逻辑是清晰的，那么通过段落形成的"语写卡片"经过排列组合后便可以直接生成文章。就像钱钟书和博尔赫斯这些作家推崇的卡片法，把内容放在卡片上，随意拼接可能会产生新的灵感，创造出新东西。"语写卡片"就是这种方式的数字化产品，通过灵活的功能闪现，便实现了1秒进入状态，衔接过去，穿越未来。

所谓"衔接过去"，是指1秒呈现过去某天创作的文字，了解曾经的想法并验证当初许下的那些愿望是否实现。

所谓"穿越未来"，是指1秒来到未来的某天，写下目标，等到那一天便可检验目标是否达成，有没有做到言出必行。

当下，我们不仅可以回顾过去，也可以展望未来，把所有关于未来的设想都写下来，便是不断地做思维实验。

如果你不知道语写，也未曾用过语写 App，大概会对上面所谈的感到陌生。但在生活中，你一定想过高效实现目标的做法，将这个理念转化成实践就变成了这样一个产品。

不一定所有人都写作，但我们可以把自己在意的事情，用最小启动成本的理念去设计并完成，这样的做法有助于降低重启难度。

你的人生需要设计，看看能通过什么样的设计实现 1 秒启动的人生状态吧，相信这样的人生会更高效、更清爽。

工具是思维的表达

观察一下,你正在用什么样的工具。

所有你正在用的,让你感到顺手的东西,都是与你的生活习惯和思维方式配套的工具。我们使用的工具就是对自身的表达。

当下,手机是普遍被使用的工具,但是不同人手机中安装的 App 不同,证明人们的喜好有差异,思维方式和生活习惯都是不同的。

同频才能并肩行走。哪怕圈子再小,在互联网这个大空间里,我们都可以找到一些与自己相似的人。公众号会吸引一些同频的人，那些与作者不同频的人看看便会转身离开。

有些工具的用途相对单一，思维表达稳定；有些工具可以扩展，思维表达多变。比如，扫帚和簸箕通常是用来打扫的；纸和笔不仅能用来写字，也能用来画画。

写作赋予人变化。不同的写作风格吸引不同的人，会筛选出一部分人成为粉丝。要想了解一个人，从他喜欢使用什么样的工具、关注什么样的信息、接触什么样的人便可获知。我专注在写作和阅读上，就更容易接触到这方面的社群，时间久了会发现对这两件事保有热情的人都会有终身成长的愿望，对时间也格外珍惜，会找到适合自己的效率工具帮助了解自己在单位时间内的阅读量和写作量。效率工具本身不会说话，但它承载的信息反映了一个人在哪些方面是擅长的，更愿意为哪些事投入时间，从而能捕捉到一个人的思维方式。

工具是反映思维方式的一面镜子，优化自己的工具也是不断优化自己的思考，从而减少对工具的依赖，用普通的工具把事情做得更好。这也是《断舍离》《扫除道》等图书传达的理念，一方面对一些工具"断舍离"，另一方面力所能及地把工具用到极致。

022

在保障生活的前提下发现"创业信号"，让生活更自由

"自由才能创造"说的是，人必须有一定的自由度才能做自己想做的事情，发挥自身更大的价值。

不可避免地，我们会想到从事自由职业或创业，处在自己喜欢的赛道上更容易将力所能及的事做到极致，提供更好的产品和服务。

不过在求稳的心理模式的影响下，多数人会感受到创业的风险，因此更愿意把自己的精力放在争取"铁饭碗"，甚至"金饭碗"

上，获得那种旱涝保收的工作。那么，如果做了旱涝保收的获利者，还有没有机会获得"自由才能创造"所要求的自由度呢？

事实上，如果我们对创造有兴趣，就一定会发现生活中的"创业信号"。

首先，要在保障生活的前提下考虑创业。这种保障的建议是拥有 3 年的生活费，这期间哪怕没有任何收入也不至于不能生存。一个旱涝保收的获利者只要注意积累，就很容易获得这方面的条件。在此情况下，可以尝试在 3 年内做创业项目，用"创造"换取更大的"自由"。

其次，创业不是某一天睁开眼说"我想创业了"就可以去做的，而是要发现自己的优势，并把它变成有利于别人的产品，做到"能说出想法，就有人想要买单"。如果你做一件事，大家用钱直接"投票"支持你，则说明这件事可能有一定的价值，值得试一试。

最后，要小范围尝试并不断迭代。没有人能一下子把生意做到全世界，可以有宏伟的目标，但要脚踏实地。拥有了"创业信号"后，可以小范围做一些尝试，看看哪种效果更好，并不断迭代，找到适合自己也符合市场规律的商业模式。

创业虽难，但只要找到用户的"痛点""痒点"，并将其转化成"爽点"，那么你就找到了创业方向，获得了更自由的人生。

不过在此之前，生存永远大于发展，真正的创业人不是不顾风险的愣头青，他们是善于评估风险，并能在此基础上拓展人生的人。

如果想把自己活成一支队伍，获得与付出成正比的回报，并且拥有一定的自由度，就不得不考虑创业。任何看上去难的事情都有它的实现路径，关键在于发现信号，明确路径，积极行动。

023

生命中的每一个数据都值得改进

在信息化时代,数据成为重要的资产,我们每天会产生很多行为数据,这些数据主动或被动地被各个平台所收集。

如果一个工具能最大化地利用数据反馈,那么它就为改变一个人的行为提供了实质性的依据,是一个好工具,我们可以利用其中的每一个数据改进自己的行为。以语写为例,改进有三方面。

1. 数据改变行为

数据改变行为是一个总体框架,它是我们获得并分析数据的核心动因,我们通过数据观察自己的现有行为,并通过改变数据去改变行为。

语写时，我们会发现晚上 10 点以后写作会让人很疲惫，完成 1 万字的难度系数会上升。如果经常很晚才写作，系统会记录我们喜欢晚上写作，甚至记录未完成的字数和具体日期。

经过一段时间的记录，数据反馈会刺激我们主动利用数据去改变，形成必须在晚上 10 点前（甚至更早）完成当日语写的习惯，让语写不掉线，让数据逐渐变好，从而让自己的行为习惯变得更好。

2. 追求"力所不能及"的数据

追求"力所不能及"就是在现有的基础上向前迈进一大步，达到新的高度。比如，一天语写 10 万字是没有做过的事情，尝试去做，发现可以实现，便可继续加量，直到达到极限。

挑战极限在一个人的日常生活中并不寻常，如果没有数据支撑，没有上进心，我们不会主动挑战极限。极限挑战就像在现有水平的基础上奋力一跃，看看自己究竟能达到怎样的高度，是一个人对潜能进行激发和对自我进行深刻了解的过程。

因此，追求"力所不能及"的数据，在一些状态比较好的时候去尝试，是非常值得的。

3. 保持数据的稳定性

只能一天做到是挑战极限，天天都能做到才叫稳定。稳定是高手的特质，这便是人们会羡慕那些持续早起、持续日更、持续健身的人的原因。

"持续"在语写的圈子里并不罕见,因为从第一天开始,语写 App 就会反馈数据,让人深谙"数据改变行为"的道理。又看到圈内高手不仅能持续语写,还能每天稳定输出 10 万字,于是做到每天语写 1 万字就更容易了,因为圈子有整体拉升和带动的效应。

一个人不仅可以看到自己的数据,还可以通过语写排行榜看到别人的数据。追求稳定,并持续在排行榜上,就会成为一个目标。

这样便逐渐形成了成为高手的基础能力,以至于在其他一些习惯养成上较普通人更容易。

所有这一切实际上都是量化的结果,通过逐渐改善数据,使数据越来越好看,人自然也越来越优秀。以我个人真实的语写出勤率数据为例:

◎ 2018 年 94.12%;

◎ 2019 年 77.26%;

◎ 2020 年 62.27%;

◎ 2021 年 75.07%;

◎ 2022 年 97.26%;

◎ 2023 年 100%。

过去我是普通人,现在也是,但数据反映了我在每天写作这件事上表现得越来越稳定,最终在 2023 年达到了出勤率 100%。这一过程经历了近 6 年,但是非常值得,因为这是属于我的精进。

在这样一个时代，我们必须获得改善自我数据的能力，因为这是让自己变得更好的底层逻辑。"更好""比较好""特别好"，这些全是概念，我们永远不知道自己在什么位置，只有数据才是客观的，是值得我们推敲、琢磨、改进的基本依据。

024 将训练技能和使用技能分开

训练技能，是指对一项技能进行训练的过程。

使用技能，是指通过一项技能取得成效的过程。

训练和使用是两回事，但大多数人有急于求成的心态，并会把它们混为一谈。在训练的时候想着使用，在使用的时候又希望体现某方面的训练成果。

我曾经自学绘画5年，但一直不太有成效，现在想想就是因为没有将训练和使用分开，实际上处在概念不清的状态：认为每一幅画都必须是一件作品，这是使用技能的体现，但实际上自己并没有这个能力，还处在训练技能的阶段。

直到后来有一位朋友指导我并传授了一些基本技能，我将其逐渐融入自己的绘画中，徐徐图之，才有了点儿领悟。为什么绘画初期，人们要大量练习素描，并且要画并不好看的石膏像？因为这是在训练技能。

过于想要展示、炫技就是在一个技能还没达到使用级别时就想使用，这其实是一种妄念，是不切实际的。如果一定要使用，那么在训练期间就要付出更高的时间成本，在语写上也是一样的。

语写的训练技能阶段需要进行三段式训练：语速、正确率、分段。

三个阶段要逐级训练，每次只针对一点去训练，比如在练正确率的时候只考虑正确率的问题，而不去做语速、正确率、分段的综合考虑。

使用技能的时候要把这三段式训练和写作内容结合进行输出。哪怕三段式训练做得非常好，在使用的时候也会发现，我们只能在自己熟悉的专业领域，即自我知识体系内，做到出口成章，对于自己不熟悉的领域，在思考上会花更多时间，语速也会下降。

任何一项技能，都需要将训练和使用分开。开一场演唱会是一个歌手使用技能的过程，在后台排练是其训练技能的过程。

如果能分清训练技能和使用技能，便能从思想上更清楚地认识到每一次输出是在练习还是在展示，是训练技能还是使用技能，目标清晰，结果才会更快地以接近目标的状态出现。

这个道理看上去是简单的,但其对心态和感性想法的征服是困难的。要让自己明确单次训练的目标,不要急于求成,要明白"不积跬步无以至千里"的道理。

025 在大的框架中，填充行动细节

每个人的一生都是一场英雄之旅，目的地好比我们设置的大的框架，行走路线则是我们需要通过日复一日的行动填充的细节。

"在大的框架中填充行动细节"的理念让我想到了荷马史诗《奥德赛》。

大的框架是主人公奥德修斯在结束特洛伊战争后想要回家，行动细节是在归家之路上因为得罪了海神波塞冬而遇到的各种挑战。如果他感到困难而质疑回家的可行性，那么他的故事便会停在和女神卡吕索普或金眸女巫喀耳刻共度余生的神仙眷侣生活中，不管选择谁，回家路都已到尽头，英雄不再是英雄。

在过程中不质疑，朝着目标坚定地走，是一个人能够做成事的基础。奥德修斯是英雄，在于他历尽艰险只剩自己也还是要回家，并最终在雅典娜的帮助下顺利返乡。如果他回头看看自己的遭遇，那些敌人可能会把他吓退，比如把他和同伴当甜点一顿咽下两个的独眼巨人、不停通过美妙歌声诱惑他的塞壬女妖、把他的同伴变成猪的女巫……

这一路并不平坦，如果思考太多细节，而不具有遇到问题解决问题并向着目标前进的能力，奥德修斯便走不远，无法返乡。

故事隐喻，我们无论执行什么计划，都和奥德修斯返乡一样经历着一个在大的框架（想要返乡）中填充行动细节（遇到很多麻烦）的旅程。有些人和奥德修斯一样，一心想着返乡便不去思考细节多么让人难耐，不断挺进，便完成了自己设置的框架，取得了成果。有些人与奥德修斯不同，更像与他同行的船员，被巨人吓坏，被歌声迷惑，被女巫变成猪，被各种细节困住，无法回家。

虽然他们曾经和奥德修斯一样，都是战争胜利后想要回家的战士，但唯有奥德修斯用他的执着走完了这条路。

在过程中不要质疑自己，这很难，但非常重要。毕竟我们生活在细节中，大多数人不会在细节中始终想着框架，但是它又是成就自己的根本。

一旦决定去做，就要奋不顾身地做够时间（设置好的周期），在周期内接受所有的挑战，越是小的项目越是应该如此对待，而对于大的项目，则应该设置阶段性目标并将其变成小的项目，不断复盘、调整、行动、达成。

对于我们来讲，不进步只是原地踏步或退步，但在故事中，不往前走的那些船员命都没有了。当我们把故事与自己的生活结合，便会发现故事的影响力实际是巨大的。

拿语写来举例，这是一条漫长的路。剑飞踏上语写旅程，做出一定成绩后才有了一拨追随者。核心在于他自己按照既定框架走完了一段英雄旅程，进而影响了一拨人。比起自己做，影响一拨人需要更长的时间。在这种时间维度下，虽然取得的成就更大，但也更加考验能力。

因此，剑飞践行过的很多原则在语写训练领域是有效的，学员面对语写的态度应该和他保持一致，这样才能少走弯路。比如，在面对很多人觉得语写是说废话的质疑时，不要质疑自己，要相信不管现在说了多少废话，这都是一个个细节，是在未来的人生旅途中可以被不断调整和改善的部分。早点儿明确这一点，早点儿做到，便能早点儿拥有一些可能的机遇，实现人生价值。

长期做事,请求持续稳定。稳定是指,不管情况好坏,都能把事情做成的能力。一个人在做事情的时候,不会因为外界环境而受到巨大的波动。

——《时间作品:创造作品,穿越时空》

第 2 章
做长期且重要的事

026

投入时间做事，方可见更多细节

有时感觉自己做了一些事，但没有成效，这时需要思考：我们在这件事上投入的时间密度是怎样的？

想让时间产生价值，必须集中精力去做事。对于做同一件事，每天投入时间和偶尔投入时间是完全不同的。每天投入时间，逐渐会发现自己对事情的理解更清晰了，道理如同"书读百遍，其义自见"一样简单。

偶尔投入时间不会有太大的进展，虽然可以用整段时间来做事，但大多数时间只是时间本身的顺延和流逝，并没有真正用在这件事上，也就不可能对事情的发展产生多大的帮助。

026 投入时间做事，方可见更多细节

每天投入时间，一段时间后可以感受到一些变化，或许不是非常巨大的变化，但行动创造了价值。投入的时间越多，人就越专业，就像盘古开天地一样，从混沌到明晰，从不懂到懂。

什么是专业人士？

专业人士是在专业领域能看到更多维度、更多细节的人。

比如，对于大多数人来说，描述一个苹果的话术只能是"这是一个苹果"。想要稍微专业一些，你可能会描述成"这是一个红色的大苹果"，即通过颜色和形状将其具体化。但对于专业人士来讲，他可能告诉你："这是山东烟台的红富士，那是陕西洛川的红星苹果，日常你大多吃到的是红富士，洛川红星苹果红中带黄，个头较小，果肉细腻，适合做宝宝的辅食。"

专业人士是能告诉你更多细节和背景的人，因为他在这方面投入了相应的时间去研究，在信息层面和实践层面都优于普通人。

因此，我们看病要找专业医生，而不是随便找一个看过一本医书的人；我们理财会找专业理财师，而不是随便找一个买过股票的人。实际上，我们是想要获得"专业度"更高的人的帮助，专业度与在一件事上投入的时间成正比。

同理，进入专业的圈子，我们会发现专业人士不仅看问题更专业，提问题也更具体。这也可以成为检验一个人是否专业的标准。如果没有投入时间做过研究，就不可能问出非常具体的问题，因为没有切身感受和经验，就无法达到那个水平。

如此，我们知道了专业的评估标准在于看问题的维度和对细节的深入程度，朝着这个方向，投入更多有效的时间和精力，便能让自己变得专业。

027

付出等于收获

1. 了解付出和收获的原理,明白投资和投机

付出和收获的时间周期是不一样的,一个人在付出后的一段时间里会明显感觉自己是亏的,只有拉长时间周期,甚至到生命末尾再去回顾,才会看到积累的价值和收获究竟是什么。

一分耕耘一分收获的道理是对的,但因为有了时间差,便让人看不透,产生了怀疑。其实,只要长期做便会发现付出终有回报,甚至会有复利效应的回报。

在一件事上,普通人和高手最大的差别是持续的时长不同。

027 付出等于收获

前几年流行过"死磕"这个概念,这是一个持续付出的原则,无论有没有收获,先在这个方向上持续,持续,再持续。

持续是对一个领域的投资,投资的是自己的时间与精力,甚至金钱。但也要明白,投资和投机的差别在于:当在一个领域持续做事时,证明你认同这个方向能带来价值,你确信这一点,这叫投资;反之,你并不确定能在一个领域获得价值,只是抱着试试看的心理去做,这样的做法便是投机。

寿司之神小野二郎能把寿司做到极致,他是在投资,知道在这个领域下注,并知道时间的魔力。

如果不是以年为起点,只做一两天就希望有回报,这便是投机,做事的人可能随时退出,行动随时停止。

2. 不计得失地去付出,让收获自然而然地来

人们常说吃亏是福。在我理解,这种说法是一条面向未来的原则。如果害怕吃亏就不会让自己拼命付出,也就不可能获得回报,或者只能获得少量回报。

虽然不能说高手都是老黄牛,但他们必须拥有决心、信念及胆识,还要努力。他们比老黄牛更具智慧的一点是知道为了目标去努力,而不仅仅是低头干活。

读人物传记,可以看出高手获得回报的时间段不同,但他们都把某件让他们有所成的、自己所热爱的事嵌入整个生命,使其成为自身的一部分。

这种热爱的回报对于有些人可能需要 10~20 年时间才能换

来，对于有些人可能几年就能获得。但无论怎样，他们都坚定这份热爱，投资着自己的这份事业。

任何人都是从对一件事感兴趣开始一场探索之旅的，探索到一定程度发现兴趣变成了热爱。但如果没有几年的积累，这种热爱将始终如天上的白云，飘摇、梦幻，无法在心中扎根。只有长期做才能产生价值，只有不计得失地付出才能让自己被这份热爱所滋养，让收获来得更加自然。

3. 使用巧劲儿去付出，提高收获的可能性

有人说收获完全依靠笨功夫，其实也不尽然。我们可以扩展视野，突破当前思维的局限，做一些有利于成长的事。

（1）多出去走走

人的成长速度是比较快的，我们要去靠近那些优秀的人。记住，人是环境的产物，在聚集优秀的人的领域才有可能产生高价值的成果。

从常常出门，到住在有很多优秀的人且发展最快的地方，需要一个过程。可以以自己家为圆心开展这场旅途，在闲时住到城市的另一端，体会同城不同地的新鲜感，开阔眼界。

对于旅行这件事，有这样一个说法，你的一阵子有可能是别人的一辈子。当迈出双脚去向更远处，也就多了几辈子，因为有些信息与文化，知道便是知道，不知道便是不知道。就像隆江猪脚饭，生在北方的我完全不知道这是什么食物，无意中了解到，搜索了才清楚。

这世界上总有你不知道的东西存在，这些东西对于另一些人却是他们生活的一部分。在有限的时间里突破思维认知，需要更多的信息作为基础，这是使出巧劲儿撬动杠杆的一种方式。

想要真正融入一种文化，就必须拥有沉浸式体验。就像有些作家为了体验生活住在某些村落，或者去某个公司当实习生。任何事情，只有实践才能出真知。

（2）做大绝对量

时间和金钱的属性不同。

付出需要花时间，一个人的一生中大概只有3万多天，无法扩展太多，所以我们需要做的是优化时间结构。

金钱则不同，没有量的积累，谈结构是没有意义的。金钱就需要做量，做大绝对量是做结构规划的前提。

一个普通人依靠个人的力量，在30岁前能有绝对量的金钱去做结构规划的可能性相对较小。一个人一生中最大的收获期大概率是40~50岁，在此之前必须依靠大量的付出才能积累到财富。积累到财富后，便可通过调整资产结构获得更多的财富。

很多道理是相通的，当你学会举一反三时，也就获得了使用巧劲儿的能力。

仔细揣摩，认真践行，逐渐理解付出等于收获的真谛。

028 做好体力活

什么是体力活?

体力活是指重复性的劳动或工作,它在高手和普通人之间没有差别,只是做得快和慢的区别。

每个人都在做体力活,它对所有人来说是无差别的。比如,吃饭是体力活,我们必须一口一口地吃,需要花费相应的时间和精力。

做好某方面的体力活,表现为对某件事专注,并且渴望在这种专注模式下取得成果。专注的时间越长,取得的成果就越显著。

比如,语写是一个体力活。要想做好这件事,我们需要认真对待写作时间，在有限的时间内吐露我们的所思所想，最终形成文字呈现，即输出内容。如果我们想让文字呈现变得更好、更有价值，即产生作品，那就必须在一天中的非写作时间也留心观察生活，做好观察和记录这种"后台"运行的体力活，直至它能在写作的时候变成"前台"呈现的作品。

活出生命本真，记录生活本身。这是蕴藏在语写中的真谛，但最后是通过转化成体力活来呈现的。

每个人在记录生活的同时，也在展望生活。每个人都具有展望和规划的能力，但并不具有一次性就把自己的生活规划好，甚至知道自己的"天命"是什么的能力。

体力活就是通过记录来不断厘清自己的未来，在展望中看见每一年规划的未来是什么样子的，并在这一年之中不断优化这个未来的版本。

如果可以连续语写十年，就相当于做了十年的体力活，语写内容逐渐丰富、绽放，我们也会发现其中重复的部分，这便是我们真正追寻的东西，我们通过做体力活去发现它，又需要通过更多的体力活去完成它。

可以说，生命就是在无数个体力活中展开并绽放的，做好体力活就意味着过好了这一生。无论是吃饭、工作、学习、运动，任何方面的体力活做到极致，都会取得不凡的成就。

当明确体力活的概念后，这个概念就被植入了脑海，它会影响你的行为，让你知道每天的种种不过是体力活罢了，又让你清楚做好体力活意味着认真地对待了此生。

029

想要就努力争取

"踮着脚尖的猫"是我给自己起过的一个网名。想来，那时我对于努力争取就是有一些想法的，会想办法拿到比能力极限高一点儿的东西。

因为"想要"，才会有这样的名字留在互联网上，成为那段时间陪伴我、提醒我的一种存在。在"想要就努力争取"中，"想要"是一种精神状态，我在年轻时就有这样的意识，但并没有感受到成长。现在我才明白，想到是做到的基础，但不代表一定能做到。要想做到，必须将"想要"落实在行动上。

通常我们说，一个人的创造分为两个阶段：第一个阶段是在头脑中完成的；第二个阶段是在行动中落实的。

因为我经过大量的写作训练并热爱写作，所以我体会到，在上述两个阶段的基础上再加上一个阶段会更好，那就是写作，通过文字记录想法。

就像"踮着脚尖的猫"，如果这个网名不被文字所记录，我一定想不起我有过努力争取的念头。

在创造的初期，文字的价值在于推动；在创造的末期，文字的价值在于循环。也就是在行动后，通过复盘再次产生行动。复盘是循环的前提，文字是推动和循环的基础。

努力争取的过程是有难度的，美好的生活不是靠丰富的想象力去争取的。要想充分体现能力，必须通过实践，同时需要用文字来记录。生命有记录，才有发生，人是容易遗忘的动物，除非意愿一直和发起想法时一样强烈，否则通过文字来记录是一种必要的提醒。

充分思考、复盘才能感受到，现有阶段是按部就班进行的，还是正在试图跳出能力范围获得更丰富的人生体验？价值是通过努力争取创造的，价值导向激发人们创造更多的价值，那就不能只活在安全区，要考虑通过努力进入有价值增值的空间。

增值，意味着新的探索。高手在这方面善于确定自己的安全边界，能确保自己在努力争取时不跌出这个边界且有增值空间。

善于确定自己的安全边界，核心是不断地积累，拥有一定的稳定性，即具有一些一直都有的底层能力。这也意味着，如果想要努力争取，应该首先去做那些通过底层能力可实现的事情，并保持它的稳定。

什么是底层能力？

我认为，它是 5 点早起，通过早起提升自我的能力；

我认为，它是看很多书并且不断通过实践完善自我的能力；

我认为，它是不断写作，让自己更了解自己的能力。

……

一句话，底层能力应该是什么时候都不会贬值的能力，是 10 年、20 年，甚至一生都会用到的能力，是经过努力可以固化成行为习惯的能力。

在培养底层能力的过程中，需要坚定信念，信念是习惯养成的基础，只有相信，才能做到。模棱两可和信念坚定在短期内的差别不算明显，但长期下来，模棱两可的人将再也追不上那些信念坚定的人。

坚定的信念是目标达成的保证，拥有这种信念的人在遇到困难的时候更容易克服困难，使自己的行为更稳定，而模棱两可的人在遇到困难的时候更容易放弃。前者因为多了一次次过关的体验而获得了更多的能力；后者则会错失这些体验，获得的能力或许很少。在更长的时间的作用下，两者会拥有两种截然不同的人生。

这是持续和复利的魔力，也是马太效应的体现。从理论上讲，在长周期中，无论目标多么大，它都是可以实现的，但必须保持坚定的信念，并在这种信念下持续做正确的事，日复一日，努力争取。

030

相信自己拥有有钱人的脑袋

一个人的富有分为两方面,物质富有和精神富有。

相信自己拥有有钱人的脑袋是《有钱人和你想的不一样》一书中提出的。在精神上认同自己是富有的,进而影响行为,这利用的是吸引力法则。

一个人不仅要创造物质财富,也要创造精神财富。对比《财富自由之路》《财富自由》《有钱人和你想的不一样》《三十年后你拿什么养活自己》几本培养理财观念的书,我们可以发现精神财富的内核如下:

◎你拥有通过读书横向对比找到共同点并不断优化自己、创造精神财富的能力。

◎你不可能一次性读懂所有的书，有些书如果放两个月你还能想起它，就应该考虑复读，从中获取精神财富，并转化为行动。

◎你要维护自己的注意力，将其放在有价值的事情上，最简单的是退出不需要维护的聊天群。

在物质财富方面，通过这几本书我们得到的根本原则是在认清及面对现实的情况下，要用力所能及的方式去创造财富，并达到做到极致的标准。具体来说如下：

◎创造更多的收入来源，始终关注最小的财富来源管道能不能覆盖支出。这是一种开源的方式，通过这种方式也可以看出自己的能力边界，有多少种收入来源在一定程度上意味着你有多少种能力是可以兑换成价值的。

◎60岁前赚到100%能够负荷90岁生活开销的钱。趁着年轻，多赚钱，因为人老了体能各方面都会下降，提前做准备永远是必要的。做其他事情也一样，能赶早的就赶早，多出来的时间都是财富。

◎收入高不等于财富多，让储蓄比例增加才是财富积累。因为我们有可能是"月光族"，花销很大，只要不积累财富，我们就不是富人。当然，这并不意味着我们不能花钱，而是要有规划地增加储蓄的比例，有储备才能让钱生钱。

相信自己拥有有钱人的脑袋，在上述两方面都必须努力践行，让自己获得时间上的自由，通过阅读、请教、实践等方式逐渐让自己拥有有钱人的思维。

一个人的赚钱能力很大程度上体现了一个人的思维方式。每个人都希望自己成为有钱人，但不一定每个人都在做能使自己变富的事情，因此这个世界上的有钱人也不会特别多。每个人都应该努力，如果不知道如何努力，不如先做到上面这几点，并通过财富书中的内容去拓展一些认知，让财富的轮子转起来，真正拥有有钱人的脑袋。

031 选最难的事情去做，其他的事情顺便就做成了

什么是最难的事情？

最难的事情是你现在够不着，但经过一系列努力后可以做成的事情。

最难的事情是与你现在的思维模式不一样，需要改变思维模式才能完成的事情。

最难的事情是触达底层，可以指导多个领域发生变化的事情。

这是最难的事情的大概范畴，想要攻克它：

首先，需要长时间的历练。

其次，需要不断地学习，把思维模式升级。

最后，需要厘清底层逻辑，有可迁移性，能够举一反三，带动整体。

时间、思维、底层，这三方面构成了做成最难的事情的方案。

时间的运行和大脑的运作，一个需要提高效率，一个需要优化模式。优化模式是为了提高效率，提高效率是为了更好地优化模式。当它们在底层被训练后，在其他的事情上就可以被更好地应用，让人感到其他的事情不难做，甚至顺便就做了。

举个简单的例子，婴儿并不能独立吃饭，这对他们来说是最难的事情之一。但随着时间的推移，大脑对事物认知的增强，以及一日三餐的训练，他们逐渐学会了自己吃饭。这件最难的事情做成后，到了三四岁，他们便也具备了一边看电视一边吃饭的能力。

可见，基础能力是通过长久的训练获得的，因此时间是最宝贵的资源。假设生命无限，那么只要方法得当，一个人就可以学会任何一种看上去很难的技能。时间本身提供了不断精进的可能。

大脑必须直接或间接地接触事物才可能加工信息，并通过反复接触而将这些信息内化。获得一种观念不容易，改变一种观念更难。

在我看来，时间记录、阅读与写作都属于帮助获得底层能力的、比较不容易做的事情。难点在于，难以持之以恒。

时间记录让我们具有更好地使用时间、调整时间结构的能力。阅读与写作是对大脑输入和输出信息能力进行训练的极好方式。我们可以随时开启一次阅读和写作，也可以每天记录时间。如果长时间训练，进步就会很大，能利用它们解决问题的能力也会变得更强。

把最难的事情做成的关键是打通底层能力并不断深化，像盖房子一样，在牢固的地基的基础上建起高楼大厦。这种能力不仅是对当下能不能积极应对问题的考验，更是对一个人日常沉淀的深厚内力的验证。正所谓，台上一分钟，台下十年功。如果能把困难的事情做成，那么其他的事情就不在话下了。生活也会因此多了一分从容。

032

利用环境，提前获得未来的能力

人是环境的产物，我们依托环境生活。

要想让自己持续不断地进步，每周都有一个小变化，每年都有一个大变化，前提是利用环境和自己的好奇心驱动，实现快速积累。

自由才能创造。自由便是一个小环境。对于上班族来讲，一小段自由时间，可以是他打破循环、提高现有能力的起点。产生效果的周期可能很长，但他处理问题的能力会翻倍，因为这对他当下的时间结构切实做了调整和优化。把时间用在刀刃上，进步可能会是之前的 5 到 10 倍。

通过工作不难发现，工作前 3 年进步很快，之后就会感到学不到太多新东西。这符合干一件事情 3 年是起点，5 年是卡点的规律。前几年做的是基础的事，入门和相关实操是容易的，尤其是在前辈给予的经验的基础上。但接下来几年进步会放缓，甚至停滞，很大程度上是因为需要解决更深入的问题，要有精进的精神拓展相关的知识技能，获得综合能力才能实现突破。

在快速积累变得困难的时候，我们更应该利用环境去突破，具体有三点建议：

（1）阅读大量的人物传记

读传记是获得更多人生经验的方式。传记里阐明了一个人通过做什么事可以达到什么状态，我们可以去掉那些运气因素，把纯体力活的做法归纳出来，将其作为自身成长的参考。

（2）进行大量的复盘

通过自我复盘可以得到一些结论。任何人即便遵循力所能及做到极致的原则，也不可能真的做到完美。复盘是一个自我觉察的过程。人总归是需要放松的，在长期做事的过程中始终做到极致很难，通过复盘和改进，可以让自己进步更快。

（3）请教专业人士

请教专业人士是一个很好的思路。如果我们和专业人士探讨，可能会发现自己问的问题实际上是专业领域内不存在的问题，但通过专业人士的指导，我们可以获知这个问题实际上是什么，相关答案是什么，甚至会获得很多新的思路。

和专业人士讨论能培养我们的觉知能力，也许某一天遇到一个问题，会忽然发现自己因为请教过专业人士而获得了这方面的经验。但和专业人士交流非常考验我们的提问能力，提出一个好问题比得到一个好答案要难得多。归根结底，还是要多思考，多训练自己的思维能力。想要抓住请教专业人士的机会，把ChatGPT当作专业人士去交流在目前是一种实战型的训练方式。

比如，买房投资，大多数人会选让自己感到舒适的房子，但真正投资房子的人会考虑，转手卖房的时候别人住着会不会感到舒服。他们更倾向于判断增值空间，并且在投资前就有把握稳赚不赔。很多产品的价值不在于它的实际应用属性，而在于它的增值属性。

如果一个人具有这种前瞻性，同时具有好奇心和相应的学习能力，那么他就更容易利用这些环境给予的资源，提前获得未来的能力。

当外部环境不好的时候，人依然有选择，甚至可以有很好的选择，因为提前做了一些准备。每一年的环境可能都不一样，但读书、复盘、请教高手永远是可以操纵环境的底层资源。

033

把看书当作单独的项目去对待

你喜欢看书吗？

你家有那种看了一半就扔在一旁再也没有碰过的书吗？我们把这种书叫作没有结项的书。

当把看书当作单独的项目去对待时，它就更具有仪式感。在这种感情的推动下，我们会比之前多一些对书的重视。

真正的没有结项的书，是指无法帮助阅读者做出判断的书。如果一本书已经能帮阅读者做出判断，只看其中某个章节就足够，那么在看完这个章节后，这本书就算已结项的书。

在开始读一本书的时候，可以标记是何年何月何日开始读的。浏览之后，判断并记录计划何时读完，在读完后标记日期，确定还要不要再次阅读，如果再次阅读还要读多少遍。

把一本书当作项目对待就更容易做到这些。

每一本过手的书都不只是一本简单的书，它更像一个有起止时间的项目。

在众多对人有帮助的事情中，看书绝对算得上是其中一件。因此，拥有随时开启一个看书项目的能力是非常重要的。

单纯地执行这个项目就能帮助一个人提升能力，增加其对事物的判断力、规划力、执行力、专注力。

这本书值不值得看？

我计划多久看完？

我真的在这期间看完了吗？

我学到了什么？

以上每个问题，若能厘清答案，我们的能力都会得到提升。

因此，多看书，要把看书当作项目去对待。

关于看书，每个人都有自己的方式。将看书当成项目，是众多方式中的一种，值得尝试。然而不管怎么做，关键是打开一本书，进入书的世界。

为了未来，早点儿付出代价

我们会搞砸很多事，并称之为失败。有些人积极乐观，又或是无奈，他们会把"失败是成功之母"挂在嘴边。如果将失败换一个说法，尝试从一个新的角度去看待失败，就会有新的发现。最好彻底把失败从大脑中洗掉。

如果年轻时被骗过钱，我们甚至可以为此而感到高兴。因为年轻时被骗钱，虽有损失，但这些损失相对以后拥有的资产总量是非常小的。年轻时身强力壮，还有机会把这些钱赚回，甚至创造更多财富。但如果年纪大了还发生这样的事，后果可能不堪设想。

生活会给予我们一些教训，让我们不断从中成长。

一个人对待某件事的态度如果是"我失败了"，那么他就会认为这是一个终点。如果换一个思路，认为这只是一次练习，那就是一个过程。没能成功反而会让人充满信心，因为他可以带着这份经验继续上路了。

相对未来，现在付出代价的成本是最低的。能够将经验转化为能力的可能性也是最大的。很多过来人会希望年轻人早点儿恋爱，是因为人如果从来没有和任何异性相处的经验，就很难获得一份稳定持久的关系。这个经验需要我们早点儿开始积累。

年轻的时候，我们把所有的错误都犯了，人到中年后，我们会变得成熟，给生活带来更多支撑。就像逆水行舟很久，忽然学会了借势，因为了解了风与海，了解了自我与生命。

不要等若干年后才后悔：当初去试试那个就好了。如果有这样的想法，不如现在就去做。没有什么事能一次成功，现在就开始做才有更多的练习机会。

发现并长久地应用自己的能力

有一些能力是我们已经具备但从来没有认真应用过的。它看上去很简单,又或者比较新颖,没有激活我们想要去应用它的念头。时间记录和语写就属于这样的能力。

时间记录非常容易,只要把经历的时间记录下来就可以了。

语写也非常容易,只要用嘴巴对着手机讲话,让语言转化成文字就可以了。

用这两件事打磨自我,会发现生活变得更饱满了。因为这两件事很简单,投入的时间成本并没有显著增加,且这些时间替代了原本一些纯消费性事务的时间，比如刷视频、逛网店等。

这些让生活变得有点儿不同的事，并没有在当下给我们带来现金流，但从未来看，只要长期做，素材就会越来越多。因为时间记录丰富的是行为数据，语写丰富的是思想数据，这些数据共同形成了人生大数据的一部分。

人的行为是随机的，但人可以通过这些看上去简单的小技能、小事情对人生进行规划。

当一个人有了记录时间的习惯，他便可以洞察自己是如何使用时间的，并逐渐优化时间结构。

当一个人有了语写的习惯，他便可以觉知自己是如何思考问题的，并逐渐升级思考能力。

被激活的能力看上去寻常，但赋予长周期去经营，它就会有意想不到的魔力。

不管我们经营的是什么样的寻常事，如早睡早起、跑步、阅读、写作等，只要长期坚持，人的随机性就会变低，稳定性就会增强，并获得可迁移的通用能力。

如果找合作伙伴，那么行为具有稳定性的人，一定比随机性强的人更容易得到青睐。发现并长久地应用能力，仅在与人合作这个维度就可以为我们带来更多机会。

如何发现已经具备但没有被激活的能力呢？

应从日常想做的、头脑中计划做的事入手。计划做的事通常有两种：

第一种是立刻可做的事，也就是我们谈到的已经具备能力，但是没有激活能力去做的事。

第二种是不能立刻去做，但目标很具有吸引力的事，发现这样的事需要一定的探索周期。

定下计划，做多久呢？

无论是第一种还是第二种，只要我们埋下计划的种子，推进时就必须考虑这个问题。

早点儿开始，早做积累。我们本身就有没被激活的能力，实际上也是早期积累的技能。比如，说话和熟练地使用手机是我不会语写时就有的能力，语写只是对这两种已经积累的能力进行了组合和迁移。

有时，我们会惊叹那些天才般的人物可以在短时间内做出有巨大影响力的作品。像马尔克斯在18个月完成了他的著作《百年孤独》，这是因为他在之前的生命中有意识或无意识地做过能完成这部著作的积累，并且他能在定下写书计划后高强度地完成计划。

《殡葬人手记》一书中谈到，没有人能预知自己什么时候就不在了。因此，当我们发现自己具备某种能力，并能通过规划持续地把这种能力打磨到极致的时候，不如开启它，给自己平凡的生活增添一抹亮色。

成长也难，也不难。难在坚持，不难在于它就是一个又一个基础技能的叠加和迭代。每个人的技能不一样，但殊途同归，最终大家都能获得诸如稳定、坚毅、信任等基础能力，并能从中获得难以言表的乐趣。

036

在无限中获取有限

在无限中获取有限的原理类似于"弱水三千,只取一瓢饮。"

资源对于个体来说是无限的。以恋爱和婚姻为例,单身的时候具有认识任何人的无限可能,选择是敞口。慢慢地,因为我们只接触有限的人,这个敞口变得狭窄,最后我们确定了唯一适合自己的人并与之步入婚姻,在众多无限中获取了有限。

小孩子天马行空,在他们的生命初期,好奇心发挥了巨大的作用,他们愿意去探索和接触的东西是无限的,因此他们的注意力是分散的。随着能力的培养,他们能聚焦到一些事情上,慢慢把无限的探索变成了有限范围内的纵深研究,与此状态相伴,步入成年。

用有限创造无限，在无限中获取有限。这形成了一个循环，它让我们认识到，我们是在能接触到的有限资源中创造无限价值的，但我们最终能够获取的价值只是一部分，剩余的价值将被其他人获得，所有人都如此，这样每个人都会创造剩余价值，推动整个社会的进步。

这个道理可覆盖的范围是广泛的，是解决不同场景问题的通用原则，本身是无限的。但我们要想举例说明这个道理并应用它去解决实际问题，它就变成了有限的。

一个普通人能够通过这个道理让自己去实践的最好方法就是列表法，即清单法。我们可以在无限中列出自己能够想到的有限，比如去图书馆查阅书籍是在大量书中提取一些适合自己的书并列出清单。把无限变成有限，之后再用我们学到的知识创造出无限价值。

这种创造不是从0到1的，而是从1到N的。不是造一个轮子，而是在已经知道轮子是什么的基础上，对它的外形和功能进行完善，是一种通过组合及微调进行的迭代。

每个人都可以在这个所谓的无限世界中获取有限，并持续深耕，最后变成专业人士。答案在这个道理中已经写明，只需要我们努力践行。

037

现在做的事情很重要

人,生活在时间尺度下,过去与未来的标尺要基于现在去衡量。

当我们发现自己目前获得了特别不错的能力或资源时,我们享受它,也偶尔拿出标尺衡量——如果过去就能获得这些就好了。为此,我们常常感到愧疚,认为自己没有珍惜过去的时间。

人的一双眼睛要么往前看,要么往后看,不可能一前一后。我们对于获得的东西的评价从积极的视角看:

◎ 过去没有,但现在有了,感到欣喜。

◎ 现在没有,但未来可以有,有所期待。

从消极的视角看：

◎现在有了，但过去没有，感到遗憾。

◎未来可能会有，但现在没有，感到难耐。

所有这些，实际上都是基于现在的判断，是从精神世界中回顾过去、探寻未来的效果。

人的双眼总是望向未来可达的前方或者已经走过的过去，就是没有意识到现在的重要性，这样会错过很多风景。在这个方面，剑飞建议我们："与其说过去做的什么事会让现在更好，不如说现在做些什么事能让以后更好。"

现在是连接过去和未来的纽带，人只能活在当下，因此，把握当下，不念过去，不畏将来，才是更好的人生态度。

想到我自己，在25岁的某一天，与人聊起了钢琴。

我说，钢琴这个技能真的很让人神往，是不是应该学一下？

她说，我也觉得很好，你什么时候学？叫我。

我说，可我已经25岁了，是不是太大了？

她说，确实不是黄金年龄，我都30多岁了。

我说，如果过去就有现在的觉悟，想要学一下，就好了。

我叹了口气，她再也没有说什么。

多数普通人都会这样闲聊，随口谈谈又不了了之。未来和过去是现在无法拿在手里的资源。当我们后悔的时候，这一秒也变成了过去，后悔又多了一秒；当我们期待的时候，这一秒又踏上未来之路，期待也只能是期待。唯有把握当下，去实践，去做那些让我们心驰神往的事情，才有可能拥有未来并感谢过去。

现在就去做最重要的事情，也许已经不再是弹钢琴，但一定存在一件让你神往并值得你马上开始做的重要的事。

038
温水煮青蛙是幸福的负产品，适度的压力使人成才

曾经被说是一个幸福的姑娘，我会感到美滋滋的，但又感觉还缺点什么。似乎因为太幸福了，生活没了激情与挑战，我每天都循规蹈矩，按部就班。

直到某一天我开始发现，大家同在一个社群，出发时的能力基本一样，但有些人到后来跑得比自己远太多。我感觉自己也不是没有努力，于是问剑飞："为什么我感觉我的进步不大呢？"

答曰：因为活得太舒服、太幸福了。

温水煮青蛙是幸福的"负"产品，缺乏突然的加温让自己一跃而起。虽然温度骤升会让人感到痛苦，但温水煮青蛙的痛苦，几乎是青蛙所无法感知的。

真正的生活需要压力，通过压力，改变性状，就像通过加温改变青蛙的行为，使其不要继续在温水里泡着。

在一个视频中看到"压力"的作用时能感受到视觉化对人的触动。松松散散堆在一起的木材被放在机器里，当机器启动时，只见它们被压得越来越紧，密度越来越高，最终竟然成为一块木板。

整个过程对于秩序感强的强迫症人群来说是非常舒服的，因为终于把分散变成了聚合；但从每块具有个性的木材的角度来看，这是一个被锤炼、被生活无情打压失去个性，而变成符合规矩的木料的过程。

任何一件事都具有两面性，幸福可能会有不成长的负效应，而成长可能会让人长期处在压力带来的痛苦中。取舍在于一个人更想要什么样的人生，或者说，有没有能力做一定程度的平衡，让适度的压力带着自己往前走走。这样虽然不会骤然成长，但也可以体验时间所带来的改变，而不是被"泡"死在温水中。

压力太大也会让人消亡，就好像给煮青蛙的水加温，过火了，青蛙就成了加点调料就能下肚的肉。

长存、稳定、向好，才是心之所向，这需要时间，也需要智慧。

如果做了好多年的青蛙，切身体会到一种天天洗澡的放松感，突然要过木材的生活，需要的是心态的转变。心态平衡很重要，它会让人接受压力的考验，走向想要的未来。

039

积极主动，未来会来得更早

积极主动在《高效能人士的七个习惯》一书中首当其冲。101个基本的绝大多数理念都与积极、效率等相关，因此，积极主动是非常重要的必修课。

积极主动带来的结果是什么？

可能是充满斗志地完成了工作，也可能是先人一步做到别人还没涉足的事情。

在我的理念里，如果一个人想要变得积极主动，就必须让自己精力充沛。一个精神状态不错的人，积极主动做事的概率会更大。如果精力不足，唯一能积极主动做的就是积极主动地去休息。

在语写社群里有很多高手，一些人实现了出书梦，这在于积极主动。

（1）积极主动让自己的语写字数达到千万级，达到出书门槛

剑飞设置，语写字数达千万级的学员才能参与共创出书。这让一些真正懂得出书价值的人，积极主动地去完成目标，甚至有人可以连续做到每天语写10万字。

也有一些人，不知道语写的意义是什么，只是隐约能感受到它的价值就不断行动。直到出了书，反证了语写的意义。如果不是之前就写了千万字的内容，就不会具有圈内影响力，也就没有那么多心得体会可以转化成书稿。

（2）积极主动让自己参与到剑飞组织的"干大事"项目中

积极主动关注并参与社群活动，才能及时看到这种"干大事"的项目，并第一时间参与其中，挑战自我。

（3）积极主动在规定时间内完稿，并在图书出版后积极主动宣传

书稿从写完到出版需要经历一个长周期。有人因为过了那个热乎劲儿就去忙别的了，但新书一出，积极主动的人会第一时间宣传和分享新书。

正是这些积极主动，让写作的终极目标——出版，变成现实。

"积极主动,未来会来得更早。"要把生命之中那些一定要做的,以及非常想要做的事情,当作重点事情去做,提前布局,提前行动。让未来和现在有关,并且更早一些到来,马上可以去做的就是积极主动。

当看到别人做出成绩的时候,我们会想,为什么是他不是我。实际上不如好好问问,为什么我不积极主动去做别人可能几年前就已经开始做的事情。想要,就马上去做。

040

找一件几乎可以在任何年龄都能做的事

这里所说的任何年龄都能做的事，是除吃喝拉撒等基本生存能力以外的事情。它的意义在于让我们的生活变得充盈与快乐。某一天，你闲来坐在椅子上，可能忽然因为想到这件事嘴角露出一丝笑意，觉得幸福。

或许它是阅读，但也许那时候你已经眼花看不清了。

或许它是运动，但也许从室外挪到了室内了。

或许它是写作，但也许你已经手抖拿不起笔，也按不动键盘了。

或许……

每个个体的想象力都是有限的,但人类整体的想象力是无限的。只要我们愿意,就能通过互联网和我们接触到的各类人去了解什么样的事是可以做一辈子的。比如,养花、遛狗、钓鱼……

不管它是什么,若能将其发展成一种能力,便是一种幸福。投入时间把这个能力滋养到极致,成为顶级高手也是值得羡慕的。

当然,活着不是为了让人羡慕,而是为了获得内心的安全感和幸福感。别人的羡慕只不过是彰显我们成功的一种形式。

好几位年纪大了才开始画画的网红奶奶,她们为什么能传递一种美好的感受给我们?就是经历了岁月还在做某件事的坚持让人无限感动。但别人的感动只是一时的,过了几年,我们也许叫不出奶奶们的名字,只能统一喊她们奶奶,但对于她们来说,这种生活带来的充实和幸福是永久的,也是最重要的。

不要为了感动别人而生活,即便这是必要的。在感动别人之余要想想自己的生活,有没有一件事是自己想做一辈子,甚至能够做到生命终点的。

有这样一群人,他们很幸运,在这个年代能通过语音进行写作。他们笃定这是一件可伴随自己到生命尽头的事,哪怕在很老的时候每天只能写100字,那都是生命最后的光。

找一件几乎可以在任何年龄都能做的事。让生命的末尾有光,让我们自带温暖地走。

041

人挪活，享受变化的福利

你有没有用脚步丈量世界？

如果有，首先是心灵挪动了它的脚步。心里装着世界，才会蠢蠢欲动想要出去走走。

俗话说，树挪死，人挪活。

人是社交型动物，视野宽广，需要更多信息的涌入。虽然现在我们较很早以前有了互联网，通过小小的一部手机就可以看到全世界，但任何事物最好的感知方式仍是身体力行。

人挪活，移动到相应的地方，才能享受那个地方可能存在的资源和福利。

说到底,这是对环境到底对一个人的影响有多大的探究。

如果环境对一个人的影响是较小的,则完全可以在一个固定的地方生活,毕竟稳定是高手的特质,熟悉环境,理论上做事可以更高效。反之,如果环境对一个人的影响很大,能丰富我们的体验,那么流动到更好的环境中才是好的选择。

很多看上去和我们没有关系的东西,会因为我们进入特定的环境而与我们发生关系。也就是人往哪里流入,哪里就会与人发生关联。

去丈量城市,我们会发现,物以类聚人以群分。一线城市中的很多同类企业都会位于一个区,比如,金融经济区、技术开发区等。我们想要怎样的人生,是否接近那个圈子是十分重要的。圈子本身带有势能,可以拉动一个人提升,使其发挥自身的潜能。

人说,改变命运需要赚钱,但所谓的赚钱不是改变当下的现金流,而是要知道现金流流向哪里。只有不断扩展自己的视野,充实自己的头脑,才能敏锐地捕捉到资本会流向哪里,哪里的机会更多。

人的能力是有限的,但有时借助好的环境资源,人们便可以把有限放大并获益。这需要我们站在风口,利用好自己能抓住的资源红利向前一步,而这也需要我们日常就多出去走走。

比如,以两年换一个城市的状态去探究环境对一个人的影响,一方面能感受到每两年对自己而言都是一次新生,另一方面也能让生活充满活力，让自己不断地挑战与征服困难。

多数人会感到拖家带口地变换居住地是很难的。"最小解决方案"就是在双休日到城市的另一端住酒店体验生活。先以自己的城市为例感受人挪活的道理，把自己的城市了解得清清楚楚、明明白白，实现资源最大化。提前知道很多东西才能在需要时去用，而不是在用的时候再去找。

平时多活动，因为人挪活。

稳定是高手的特征

每个人每天都活在具体的情景之中，在生活环境不变的情况下，每天的情景也会有一些不同。

这种状态就像搭建了大的生活框架，细节仍然需要填充。

不同的人，对于生活细节的安排是不同的。日复一日，我们可以看到普通人和高手的差别，那便是稳定与否。

稳定是高手的特征。通常高手都会在平凡的生活中寻到一件长期去做的事情，比如，在 10 年甚至 50 年内，每天都会执行同样的动作，不断去做，不断复盘，在这个垂直领域成为高手。

能日复一日地去做，说明对于自己要做什么，内心是笃定的，不会被临时来的事情牵着鼻子走，而让这件事戛然而止。

能日复一日地去做，说明身体是健康的，对自己的体能和精力做好了管理，能让自己每天都像一块充满电的电池一样去做计划好的事。

能日复一日地去做，说明途中遇到困难时，自己是能够通过自身能力解决问题的。比如，一天中没有整块的时间，就将事情分割成小的单元去做，解决问题的智慧和时间规划的能力结合，时间能够被充分使用。

能日复一日地去做，才能体会到持续做所带来的积累和成就，每天都能完成这件事就是一个小小的成功。

能日复一日地去做，会发现这件事成了生活稳定的风向标，它是生活稳定剂，看到这件事一直在持续，也会对自己更放心，因为自己一直朝着想要的方向走。

说了这么多，这件事究竟是什么呢？

对于不同的人，它是不同的。对于同一个人，在不同的人生阶段，它也是不同的。

我从 2013 年开始画画，相对稳定地进行了 10 年。虽然没有成为我想象中的高手，但依然会有人记得我是一个爱画画的人，也会有人期待我在未来出画册或办画展。

我从 2018 年开始语写，相对稳定地进行了近 6 年，2023 年我已经可以毫不费力地每天语写 1 万字，无论风吹雨打、日晒雨淋、身体是否舒适。这期间我经历过恋爱、结婚、生娃，每个阶段的数据都不太稳定，因此那时我不是高手，也在不断磨合中找到了那份笃定和持续做的内驱力，让数据逐渐稳定。数据反映了我的行为和生活状态。

在不断践行的过程中，我逐渐意识到，一件事不能做 10 年基本上就不算做长期，不达到稳定自己就不算是高手。稳定是高手的特征，高手的行为是可预测的。就像那些能日更文章的作者，365 天无间断发文章，让人可以毫无困难地预测他明天还是会发文章。

做这样的高手，能让自己因为一件事而有期待，也能让生活充满成就感，同时能让自己在未来习得一项核心能力，因为只有深耕才能出成绩。在基本能力上，每个人实际上都差不多，但在一件事上持续了多久、磨炼了多久，是不是达到了稳定，这些对于不同的人来说有很大差异，也更为关键。深耕才能变得专业，专业才能成为顶级高手。

把能力变成使用技能

从小到大，我们会不断让自己获取各种能力，模仿是获取能力的主要途径。通过模仿习得，再经过无数次重复，便能掌握这项能力。

骑车、开车、打字、跳舞……这些能力的学习成本并不高，学会后能力也不会消失，是一本万利的事情。如果不常使用可能会变得生疏，但用一段时间就又重新变得熟练。

我们应该挖掘这样的能力，它们的起点不高，都是在模仿中习得进而内化的，但它们释放的等级不同。

所谓释放的等级不同，是指初学者也可以拥有这些能力，但

043 把能力变成使用技能

并不熟练；而高手不仅拥有这些能力，还能在此基础上进行创造，将其变成艺术品甚至通过其换取财富。

每个人的专业技能都是从一个点开始的，慢慢从熟悉转变成熟练，再到打磨成赏心悦目的艺术品。不过多数人浅尝辄止，坚持到艺术层面的人并不多。根本原因是后者看得更远，能从个人喜好、天赋等层面评估在这项能力上进行打磨的愿意强度。因为做好了准备且足够热爱，所以他们克服困难的决心更大。

训练技能，绽放能力，内在的原生动力是梦想蓝图。学会容易，精进很难，所以这个世界上有很多半吊子的技能在每个人身上呈现，它们不是艺术品，只是偶尔能拿来用。这也没什么不好，但终究我们还是需要把一两项能力变成使用技能，可以随时用它换取财富，甚至将其变成艺术品。

发展能力，使其变成使用技能并精进的核心在于规划后坚定执行。规划本就不易，在这之前还需要洞察自己到底喜欢什么，用直接法、排除法等各种方法试错，并试图用已有的能力去打磨未来会变得更专业的能力。

就像写作，任何人都可以写字，能写作的人也不少。从小学起我们就开始写日记，一直写到高考，练习技能的时间相当长。但这之后，有作家梦想蓝图的人和没有的人会走向两条不同的路。前者会去规划，想要通过持续创作形成自己的作品，甚至用出版的形式把文字变成艺术品；而后者只是把写作用在一些沟通交流的语言组织和一年一度的年终总结上。

发展你的能力，将其变成使用技能，是让自己变得专业的前提。若干年后，我们老了，如果我们的技能能变成艺术品被时代记住，这也是一件幸事。

044

创物之能，获利其上

不管工具多么便利，素材本身的收集都必不可少。

我们常常会希望通过好的工具来解决问题，有时会陷入一种在各类工具中畅游的状态。"工欲善其事，必先利其器"，好的工具可以让人事半功倍。

但拥有好工具还得会使用工具，使用就必须基于能力。比如双拼是一个很好的输入法，但是不具备这方面能力的人，哪怕切换到这种输入法上也束手无策。

创造一种工具并发挥这种工具的便利性让人获利，难点在于，自身是否已具有使用条件，有没有能力驾驭工具，有没有素材让工具发挥价值。

工具是理念的落地，是实践一个理念的可操作方案，其难度表面上是技术的创造，实际上是将理念转化为工具的模型思考，只有想法路径正确，才能创造出好的产品。

找很多工具来尝试未必真的有用，首先应具备资源和能力，在此基础上去找顺手的工具。

就像关于时间管理的 App 有很多，有些基于"一天最重要的事情只有三件"的原理，有些认为"要做一万小时刻意练习"，还有些基于"任务紧急程度的四象限原则"。并不能说哪个工具好，哪个工具不好，关键在于我们的能力和资源条件更适合去使用哪个工具。

以我自己为例，我曾经使用过一天三件事的简单时间管理法，但发现这个工具对我来说有些不够用，无法分析出我的时间结构。我也用过一万小时刻意练习类工具，但逐渐感觉除去刻意练习的时间，其他的时间用来干什么了我并不清楚。至于四象限原则类工具，它可以把所有事项布局其中，不过总有一些任务在一个象限内无法挪动，让我产生自我怀疑。

最后发现，对于时间感和秩序感极强，并且有能力记录下时间的我来讲，最适合的还是基于"柳比歇夫时间记录法"的工具。

不管时间被我使用成什么样子，我都不需要应用太多主观意志，只要客观记录即可。把客观记录和主观分析分开，这是它区别于其他方式的核心,而这种方式确实也只适合那种时间感和秩序感强的人。如果不是这样的人,他很可能很难理解连时间边角料都要记录的做法。

真正感觉到这种记录有价值,是因为自己坚持记录了 5 年,有了足够多的数据,积累了足够多的素材。开发者创造工具并发挥这种工具的便利性,让人获利;使用者收集素材并使用工具,让自己获益。

这便是创造和发挥价值的正确做法。

能力和积累是底层逻辑,技术实现是相对容易的,基于此找到适合自己的工具让自己获益也就不再是难题。

045
行百里者半九十

行百里者半九十，原意是，走一百里路，走了九十里只能算走了一半。比喻做事越接近成功越困难，越要认真对待，常用于勉励人做事要坚持到底不松懈。

既然做了 90% 才算做完一半，那我们就应该更早一些去行动，在时间过了一半时完成 90% 的任务。这也是剑飞在我写作时给我的指导思想。这个理念会贯穿在一些具体事项中，要通过实践去感受。

剑飞并没有像在直播中那样直接说"行百里者半九十"，而是在我写了 25 个基本时对我说："春天是努力的时候，趁着这股劲儿把 101 个基本赶紧写完，到了夏天感受就不一样了。"

于是我将这项写作任务提前一个半月完成了。

为什么要提前完成呢？因为提前完成就有了更多的时间进行优化，也有了更多的精力去计划新的事项。按照这种做法，在一年之中，9 月底就应该完成全年 90% 的事情，剩下 10% 的事情在第四季度扫尾，同时可以提前一个月去做次年的计划并开始实践。

我觉得这是聪明人的做法，但也有一种笨鸟先飞的感觉——表面看像一只骄傲的兔子，而内心住着一只谦卑的乌龟。

很多有用的道理都是反常识的，但真正接触后又会觉得有趣。最有趣的莫过于做到了，那样会叠加开心，使得这件事趣味盎然。

曾经我也非常担心这样一天写多篇会不会使图书内容不够深刻，但后来我想，一个人在一段时间内的认识深刻程度不会有大的变化，写作的时候只要认真对待，就基本能呈现自己的中等水平。提速不影响质量，这个原理和语写时提速不影响表达是一样的。

行百里者半九十，或许当你尝试带着乌龟的谦卑，用兔子的速度去做事时，你才会感受到一种独特的成长方式所附带的美好价值。待真正做完，便是检验价值到底有多大的时刻。

不妨先去做，因为知道，所以做到。步伐再坚定一些，行动再快一些，注意力再集中一些，便是在用生命迎接"行百里者半九十"的答案。

创造时间之外的影响力

创造时间之外的影响力，就是利用复利的力量为自己服务。当前所创造的产品，可以在未来形成价值，让时空形成一定程度的折叠，让当下为未来服务。

最容易理解的就是写作，作者在创作的时候忍受了强烈的孤独，他和他的灵魂在一起，产生了丰富多样的文字。这些文字所附带的信息与未来读者的大脑连接，读者的年龄、背景、身份都不重要，重要的是他在阅读，他通过这种方式将信息转化为自我认知，或稳固加强，或持续改造自己的思想。

如果这种认知变化的程度很大，那么作者对读者便产生了较大的影响。这种穿越时空的影响可能发生在不同年代的两个人身上，最典型的是影响我们世世代代的孔子及儒家思想。

思想的传承需要媒介，长期以来，我们能感受到的最有生命力的媒介就是书籍。一代又一代人在书本的影响下成长。现在每天都会有大量的出版物上市，人们从中获得影响的门槛反而变高了，这便要求我们：

◎关注可以长期积累形成作品的方向。

◎对可深耕领域的作品加以重视和维护。

◎不断把作品推到市场上进行价值检验。

◎通过价值检验判断自身作品的当前影响力。

有很多大人物的作品在当代没有受到关注，但是在其过世百年产生了巨大的影响力。这样的创造是超越了自己所在时代的，这种盛大的时空影响力对后世有很大的影响，但这些成就所产生的价值不能被他所在的时代享有。

可见，影响力的"反射弧"有时候长有时候短。拥有长期思维的人对长期的定义究竟是多少年，这是非常值得探讨的。因为有时长期意味着，这辈子做的事，下辈子才能有成果。但我们依然值得采用长期主义的原则做事，因为能够经得住考验的都是长期打磨的内容，拥有这种长期主义思维的人也应该是能够经得住时间考验的人。

一个要创造艺术作品的人，最应该认真履行这个原则。虽然很多人都愿意做一个长期的作品输出者，但在影响力和价值兑现方面,大家是否有长期主义思维呢?可能大多数人没有,于是一件事只能变成一个心愿,一直被放在待办清单中。只有真正的长期主义者才能创造时间之外的影响力。

047

抓住个人发展的窗口期

"窗口期"是一个非常具有时间标志的概念。就像一个女生的黄金年龄是 23~28 岁，其中 25 岁又被当作分水岭。28 岁以后如果还没嫁人，她就容易被称作"剩女""齐天大剩"，客气一点儿的会被称为"最美郊区房"。

年龄有它独特的保质期，保质期就是所谓的窗口期，在保质期外就相当于窗户被关上了，需要用更大的力气想办法把窗户打开，甚至撬开。

在职场也一样，35 岁是一个分水岭。很多单位只要 35 岁以下的人，对 35 岁以上的人统一采取拒绝的姿态，除非是领域内的专业人士，否则35岁以上仿佛就代表着失败。

抓住窗口期就是在35岁前努力发展自己的职场能力，争取变成在35岁后还可以随意跳槽，甚至被猎头关注的专业人士。抓住窗口期就意味着不要在窗户被关上的时候，发现自己还得灰头土脸地想办法撬窗喊救命。

在家庭生活中也如此。孩子每一天都在成长，如果我们没有注意到他们的成长是阶段性的，就会错过很多陪伴机会。有一些事业有成的人，老了以后会感慨，自己虽然有钱但错过了孩子的成长，如果能在年轻时少为事业付出一些，多陪陪孩子就好了。

这说明这类事业有成的人当年的目标在工作上，而非家庭上。老了发现人生目标选错了，但也要意识到这是一种选择，至少当时选择了事业，在这样的一个跷跷板上用一面的崛起抵消了另一面的下沉。一个人能做到事业有成，实际上说明其意愿所至之处方可成，而不是在一面有能力，在另一面没有能力，只是要看他在事业窗口期和孩子陪伴期上做了哪种选择。

这些窗口期是一个人比较容易察觉的，更大一点儿的还有城市发展对于个人的影响，这种窗口期有时会被人忽略。城市和人一样在不断发展，相对来讲，人的黄金年龄是很短暂的，身强力壮的窗口期稍纵即逝，而城市的发展周期会比人的发展周期更长。因此，如果有条件，应该向着发展速度更快的城市流动，在自己的黄金年龄抓住发展机会。

我们常常听到父母苦口婆心地催婚催生，但不论催什么，他们都以过来人的身份在阐明一个人抓住窗口期进行发展的重要性。抓住窗口期的红利可以让一个人的发展更顺利，顺势而为是人人都知晓的，但活在迷局中，我们会觉得窗口可能还有很多，错过一扇窗或许还有一扇门，于是恍然之间让时光流走，最终只落得遗憾和措手不及。

在窗口期做事的好处，人们往往在步入中年后才会感受更深。人在年轻时机会多，没有太多窗口期的概念，总感到有无限可能。到了一定年龄发现很多东西都是有时间限制的，抓住它，就能让自己多一些顺势而为的机会。

048 晚点儿成名是好事

每个人都有自己的天赋领域，源自基因和环境的共同作用。天赋经过培养才能变成能力，培养能力需要一定的时间周期。

天才是少数，多数取得非凡成就的人，都是在天赋的基础上经过千锤百炼的。锤炼需要时间，需要专注。

一个人如果成名太早，就不容易有沉浸的创作时间。人的注意力是有限的，只有拥有专注做事的时间才能培养出相应的能力。

运动员的生活围绕着训练进行，十年磨一剑。看上去他们在很小的年纪就取得了成就，但是他们在相当长的时间里进行了高强度的科学训练，成绩是厚积薄发的结果。

年少成名，人的心态也不会特别稳定，容易被名誉、利益诱惑，人在成熟后会对事情有更加理性的判断。就像一些家长并不愿意在孩子尚未成年时把他送到异国他乡独自学习，因为孩子面对的诱惑太多，不如等他上了大学，更成熟一些再考虑让他去国外学习。

多数人都是普通人，对于普通人来说，对一件事开悟需要时间，开悟后磨炼出成熟的技能也需要时日，因此深耕是非常重要的，只有深耕才能对一件事有"穿透力"。

成熟后，人做事会更加坚定。对于思想成熟的人来说，他们更愿意选择已经探索过的领域持续深耕。因为知道过去投入的成本是积累的资本，在已有基础上再造，做事速度会更快。对于那些反复拿起又放下的领域会深思，为什么会反复，核心原因可能是真的热爱，只是克服困难的决心不够而导致放弃。在这些领域，成就会来得晚一点儿。对于有些人来说，只有经历反复的过程才能看到自己的初心，在看到后便更懂得专注、提速、前行。

人是环境的产物。名气会制造一个新的环境场。人需要适应这个环境场并对此做出判断。用行为去适应环境，继续在专业领域深耕，需要综合各种能力才能做到。人在年轻的时候面对这样的一种环境，可能因为不够成熟，也不容易把综合能力发挥出来，做到趋利避害。

当我们评估自己拥有了一项可以发展成专业技能的能力时，结合自己尚且年轻的状态，要沉下心来，不问名利，只问自己：

我达到专业程度了吗?

　　这样看来,晚点儿成名确实是好事。虽然张爱玲的那句"出名要趁早"很是盛行,但"晚点儿成名是好事"放在一定的情境中,会有相应的价值。综合来讲,脱离环境因素,单看一句话,看似是真理的言语也可能是误人子弟的毒药。

049

学会休息

在专业领域深耕，一切的成长都是通过体力活积累而来的。我们光强调输出但不在意输入，身体很快就会抗议，不再响应我们的需求。因此，为了干好体力活，学会休息十分必要。

现在总有些人宣传：精英人士的效率来自比别人多做的几个小时，你还在睡觉他就起床工作了，你入睡了他还在工作……这些宣传内容把精英描述得和机器一样，能持续运转还很高效。而动不动就想在工作中摸个鱼的人，渐渐便默认了自己就是普通人，无法和精英相比。

老话说得好，要想马儿跑，必须给马儿吃草。

人的精力是有限的，宣传中的精英有可能是伪精英，或者是一个短期主义者。崇尚长期主义的精英是能干好体力活也会休息的人，因为精力充沛是把事情做好的基础。

过去，我也认为精英不怎么休息，但实际上他们有这样几种休息方法：

◎小憩一下，抓住一切碎片时间休息。比如从 A 地到 B 地，在路上适度休息，恢复体力。

◎不管事情进展到什么程度，只要不是急到马上要结果，那么到了睡觉的时间就立刻睡觉，睡醒再干。长期主义者不会把自己逼到"紧急且重要"的阶段，一般在"重要不紧急"的阶段就把事情做完了，始终不忘"行百里者半九十"的原则。

◎对自己的状态细致观察，发现自己进入注意力无法集中、头脑发蒙等疲劳阶段就立刻休息。就像手机充电一样，不要用到自动关机才充电，否则重新启动需要很久。在发现电量低时就立刻充电，这样才能保证手机有更长的运行期。

◎早起，把重要的工作放在早上去做，其他时候哪怕注意力不那么集中，也不会影响第一要务。

在休息的问题上，多数想要快速成长的人观念存在问题，他们被媒介的宣传所误导。不如看看时间统计鼻祖、效率之王柳比歇夫，他有诸多成就，但一天要睡 10 小时左右。他的原则值得我们学习：

◎不承担必须完成的任务。

◎ 不接受紧急的任务。

◎ 一感到累,马上停止工作去休息。

◎ 睡得很多。

◎ 把累人的工作同愉快的工作结合在一起做。

柳比歇夫的 5 条原则揭示了精英人士的休息法。如果我们能学会休息,效率也会提升。精力充沛、心情愉悦,做事就更有活力。舍不得休息,短期看仿佛获得了一些成长,但长期主义者一定不会这样做。会休息是成为精英的长期主义基础,有时,所谓的懒惰反而是勤奋的起点。

050 真诚地面对镜头和自己

排名第一的让人感到胆怯的事是演讲。

这个世界上有内向的人,也有外向的人。虽然内向、外向是相对的,不过每个人还是会在绝对层面上偏内向,或偏外向。随着年龄的增长,人的性格有时也会发生变化。

改变性格不太容易,但改变行为是可行的。

真诚就意味着要坦然面对自己擅长与不擅长的东西。如果我们感到害怕,不妨承认自己害怕。当演讲时,用真诚去抵御害怕是一个很好的策略。剑飞给了一段话术:

"大家好，我今天有点儿紧张，给大家表演一个紧张。"

这样的真诚，于我们自己可以缓解压力，在别人看来是真诚之余还透露着一丝幽默。

据了解，相比于在演讲中表现得完美，犯一点儿小错反而会获得观众的更多好感。因为人是情感动物，人与人之间的关系用感情连接远比用理性连接效果好，也更有温度。

真正的勇者是敢于面对自我的，他们会用真诚获得面对镜头的能力。

在生活中，让自己变得真诚不仅仅在于要和人面对面交流，还可以把自己的心声写下来，通过写字、打字、语写等各种方式记录并公开，这些都是突破自我的方式。

刚工作的时候，我很害怕演讲，哪怕是自己写的材料，我都不想汇报，我宁愿努力说服直管领导展示我的成果，也不想自己讲。经过岁月的洗礼和长期的语写练习，现在的我可以做到花半小时写文稿，简单准备后就大胆走上台脱稿呈现。

如果发现有差池，内心的胆怯找上门来，我会和大家说——

"突然有点儿紧张，我顺带着给大家表演个紧张吧。"

真诚的人活得比较舒服，原因在于他们勇敢地面对一切。当你深谙这个道理后，你会发现，即使在演讲，或者和高层、高手对话时仍然会紧张，但真诚可以缓冲这种氛围下的情绪，让事情的发展比你想象中顺利得多。

希望你也能解锁这个能力。

行动创造价值。一件事,只是知道应该去做,但若不去做,则肯定不能创造价值;若知道应该去做之后,努力把它做了,甚至做得很好,就能创造价值。

——《时间价值:积极主动地创造》

第 3 章
行动引发行动

051

轻松才能持久

做长期听上去是一件苦哈哈的事情,有一种长路漫漫的感觉。但做长期又是一个普通人想要变得专业时必须采取的方案。

轻松才能持久,听上去像是要找到一个独门秘籍或捷径,降低做长期的难度。但实际上,就是利用微小行动启动事物的原则。

把任务分解成在能力范围内比较轻松就能完成的小目标,增加执行天数或次数,可以实现总量增长,带来能力的变化。轻松是一种感觉,与之相对的是压力。压力从何而来?更多来源于内心的审判官。这个世界上真正关注我们的人不多。我们活在自己的心理活动所带动的世界里,因此会感到自己很重要,从而更加严格地审视自己，甚至审判自己。

以写作为例，高手能坚持 1000 天日更，即几乎连续 3 年都在做这件事。如果这件事不是相对轻松的，估计做不了这么久。

剑飞给所有刚入门的人的忠告是，闭着眼睛发布自己的作品。

对，当你感受到压力的时候，要启动的原则是"完成比完美重要"。写出面向读者的文章就将它发布，不发布就不算走完全部流程。有时候，我们需要的就是用"不用完美，只要尽最大努力做就好了"的想法把任务完成。这样做几次，审判官就会减少一些，压力自然也小一点儿。

最小启动的背后还隐藏着一个条件，那就是马上开始。小目标的截止时间必须离当下近一点儿，这样不会因为遥遥无期而拖延，而是会集中精力马上行动，也会很快完成任务。任务完成之后，人会倍感轻松，一次又一次好的体验，增强了信心，轻松的感觉会逐渐来得频繁。

一旦把"最小启动""完成比完美重要""马上行动"放在一起，事情就被这三者形成的飞轮带动，让我们停不下来，每一天都能完成任务，并且很轻松。

最后我们会发现，100% 做到很容易，反而将完成度控制在 99% 是很难的。每个人都可以在自己的能力范围内做到轻松且持久。

052
用必要的反复阅读指导实践

很多道理写在书本上，阅读时我们看上去是懂了，但操作时可能还会出现问题。这时候我们也许不会想到去当初获得这个信息的源头寻找答案，但实际上这很有必要。

有过一些体验后，对于事物的认知和最初是不尽相同的，这时我们更能够带着已有的经验重新审视书本上的道理，能读懂之前没有参透的细节。

大多数时候，惯性思维让我们不再阅读，更不可能反复阅读，哪怕这可能是我们获得高质量信息以改善自身行为的基础。

这种反复阅读的习惯可以迁移到别人对自己的指导上。比如，建议"写起来，闭着眼睛把写好的内容发到写作群"。

多数人可能也按照要求写了，但很难克服自己的心理障碍，在发到写作群的动作上停住了。这时回头看看建议，其实别想那么多，发就行了。

能够完整执行专家的指导或书本上的建议才能相对全面地获得对方提供的心理表征，即他是怎么处理的。在执行的时候，反复查看自己是不是有什么遗漏，这就是最高质量的模仿。

成为高手，首先要做的就是不打折扣地模仿高手的经验，确定自己真的能做到和对方一样，这才有可能在此基础上延伸和创造，形成自己特有的模式。而不能一开始就随意发挥，因为随意就意味着我们在最开始就在进行新的探索，探索到的结果很可能和高手告诉我们的经验一模一样，这会导致付出更多的时间成本。

因此，看上去似乎是需要一些成本的反复阅读，反而是最节省时间的做法，先听话照做，成为高手后再创新，用有必要的反复阅读去指导实践，这才是更加正确的成长姿势。

人们总是自以为是，或缺乏对已知事物的耐心，因此很少体会到反复阅读理解核心要义的好处。成长本身不就是通过刻意练习得到的吗？而刻意练习不就是反复去做吗？因此，要有能力把枯燥的反复阅读变成不断成长为高手的方案。

053

早起，开启能量满满的一天

对生活有要求的人，多半需要通过早起来实现这些要求。一天 24 小时是固定的，只能在这个时间范畴里优化自己的时间使用。

早起可确保自己的做事时间相对大多数人提前，获得几乎没有人打扰的时光来做自己想做的事情，完成自己对生活的"要求"。

最终这个原理使得很多这样的人不约而同地加入"5 点俱乐部"，即形成了早上 5 点起来做事情的默契。他们不需要沟通，但都会在这个时间起床。你也可以随时加入。

早起做什么呢？就是我们心中的那些"要求"。如果没有要求，不如就去做一些具有长期价值的事情，比如健身、阅读、写作等。

在无人打扰的时间集中精力做事，更容易进入心流模式，获得一段美好的晨间时光。很多东西是宜早不宜晚的，比如：

（1）早点儿开始关注身体，健身会让我们身体素质更好，延缓衰老。

（2）阅读可以让我们获得新的认知。早点儿接触一个道理和晚点儿接触的效果是不一样的。早点儿接触就有了更多的时间去改变自己的生活。就像蔡志忠通过大量阅读和实践让自己在36岁就做到了只批发而不零售自己的时间。

（3）早点儿开始写作不仅可以提升我们的表达能力，这种"掏空"的感觉还会让我们形成更强的学习欲望，促成一种更有利于成长的正向循环。

一个人在早上带着满满的激情做这些对自己有要求的事情，经过一天的运转，到了晚上也就更容易因为这一天活得很充实而感到踏实，并且可以通过复盘形成自己的体系，对第二天的早起也会更加期待。

一个人如果想要早起，就必须做到早睡。形成正向循环，稳定地开启每一天，感受早起带来的从容和自信。

054

高强度地培养底层习惯

什么是高强度？

一天之中超过半小时的时间（即一天中的时间占比在 2% 以上）都值得被保护，我们要尽可能对时间进行统筹，规划出这样的高强度时间去做该做的事情。

什么是底层习惯？

就是那些牵一发而动全身的习惯。比如，社交需要的能力是听和说，案头工作需要的能力是读和写。归根到底，很多事情都需要具有较好的听说读写能力才能处理好。我们应该集中精力培养这样的能力，这些是我们必须要有的底层习惯。阅读和写作的重要性因此而来。

由此可见，大量的阅读和写作十分必要，且只要一张书桌就能开展，性价比极高。

保护阅读的做法，可以是固定阅读时间，也可以是建立1000本书的书单，方便我们快速进入阅读状态。

计算一下，每年给自己1万元用来买书，大概能买200多本，全部翻完，将其中对自己最有帮助的一两本中的方法加以实践，读书的有用性就得到了放大。

不过，读书的用处是靠足够的阅读量和大量的实践证明的，而不可能在短期体现，因此很多人会觉得读书无用。有用与否，关键在于阅读强度和实践质量。

高强度要求不只是实践一天，而是要日复一日地实践。一件事情如果立刻能获得成果，通常也不是大成果。如果想要获得大成果，便需要长期坚持。

阅读和写作等基础习惯，会对一个人的固有行为产生改善的效果。如果在某个领域取得成就，理论上可能试过了所有方法，并在所有方法上都做得正确。这个过程是长期的，需要不断试验和纠正。因此，要高强度地培养底层习惯，用它们取得更好的成果。读书和写作，再强调都不为过，因为它们是成长的基石。

055

规划与复盘，
让居家办公比到岗办公效率更高

疫情期间，居家办公成为一种新的办公方式。未来，很多公司很可能不把一个人绑在岗位上，而是让其拥有更自由的时空，同时能确保工作的开展。这种模式会为公司节省大量的成本，也能让个人在某种程度上获得一定的自由。

当一个人不用到岗，处于半自由职业状态时，他会省去大量的通勤时间。这部分时间对于一线城市的人来说，可能有 1 小时以上。按照一天中 2% 的时间都值得被保护的理论，这部分时间如果放在个人成长上，其价值就被放大了。如果用来健身，对身体健康方面的提升应该比通勤走路更有效。

但这种模式十分考验我们的规划与复盘能力。居家办公会拥有更多主导权，但需要自己准备专门的办公环境，否则很难专注。

居家办公不是将所有的时间都用来办公，也不是放飞自我对工作不闻不问，而是要通过规划，集中精力去处理工作。个人主导权更多，也意味着要更加自律。要对来电、远程会议等具有统筹安排能力，但也不能因为居家而变成24小时在岗。因此，复盘非常重要，要定期复盘在家的办公效率，分析原因，调节居家办公的节奏。

长期这样做，更容易培养自我管理能力，把自己当作一支队伍来处理问题。因为居家，面对面沟通减少，因此对表达和统筹能力的要求更高。

其实不论在哪里办公，都应该围绕客户为其创造价值。如果我们能持续做这件事让客户成长、获利，我们也会得到更多，所谓赠人玫瑰，手留余香。

虽然我们或多或少都体会过这样的办公模式，但人的能力不同，对于这种模式的适应度及褒贬度也不一样，但我们终究要学会适应环境，在任何环境都能让自己有所发展。因为未来真的会是一个更自由，也更不自由的时代。

工作不是靠实际到岗的约束完成的，而是靠自主约束完成的。我们获得了更高的自由度，也要有更强的统筹、规划、复盘能力与之匹配。

056

最有力的分享是转化成实践再分享

每个人都掌握着一些资源,如果善于分享,这个世界定会充满更多的爱与友善。

分享是一种美德,给予比获得更重要,给予能让爱流动起来。但同样是分享,分享那些自己真正做到的事,比起其他的会更有价值。

就像读书,我们会关注作者的背景,看他有没有足够的经验,如果有,就更能相信他的作品;如果没有,则会感觉说服力不足。

就像讲道理,任何人都有一箩筐的道理,唯有那些真正实践过的人才能讲清细节，才能有与这个道理相关的生动故事呈现。

在曾经的某段时间里，我一直怀疑自己的分享能力。但当我看到这条基本原则的时候，我瞬间明白，并不是每一次分享的内容都经过了实战，有一些只是自己觉得好便拿出来说。自己未曾体验的东西，讲出来是无法深入人心的。

能深入人心的内容一定是经过了时间打磨的。就像陈年老酒，如果没有经过时间的加工，没有历练，很难有沉香甜美的味道。

多实践，让成果成为最好的代言，才会带来有价值的分享。

因此，分享应该发生在熟练掌握、对其笃定相信的成熟期，而不是刚刚接触为之兴奋的新鲜期。我们要给予别人的是一个熟了的苹果，而不是一个生涩的苹果。

在分享这件事上，总会有两个极端，一种人很怕和别人分享，怕别人学会超过自己；另一种人很想和别人分享，想要感受分享本身带给自己的快乐。但最有价值的分享是经过一定时间的实践后，拿出一个还不错的成果去分享，既不自私也不冲动，只是为了让一切变得更好。

057

用每天 1%的时间做专注力训练

专注是提高效率的前提。专注需要练习,每天用 15 分钟训练专注力,专注力会更强。

冥想是一种典型的训练专注力的方式。大多数有成就的人都懂得用这种暂且放空的状态获取专注力。

在剑飞的体系中,专注力是针对眼前所看到事物的 15 分钟的练习。具体操作如下:

(1)确定视线可及的范围为观察范围。

(2)观察这一范围内的事物。

（3）记住它们的颜色和大体形状。

经过 15 分钟，客观描述你所看到事物的颜色和形状。刚开始会感觉有一定的难度，但时间久了就会感觉比起最初要轻松很多，这就是训练的结果。

刚开始不一定能感受到这对生活有什么大的帮助，但只要坚持，便能感受到聚沙成塔的价值。针对眼前事物的观察所产生的专注力可以迁移到其他工作上，让一个人更容易专注做事。

在番茄工作法中，人们会学到用 25 分钟做事，用 5 分钟休息的方法，这使得自己的专注力在 25 分钟内产生成效。在剑飞倡导的专注力练习中，我们可以把 15 分钟的趣味练习迁移到"番茄工作法"的使用中，让效率翻倍。

从时间角度来看，15 分钟大约是一天中的 1%，但它能对其余 99% 的时间产生深远的影响。

任何事物不经长期的练习都无法充分显示效果。如果我们不想花太久时间去获得这种效果，也可以考虑通过创造场景去训练专注力，比如冲杯咖啡就写作等。

058

相信，才能见证"奇迹"

有一篇文章谈道："蔡志忠今年 73 岁，他读了 30 万本书。在饭桌上，无论纪伯伦、奥修，还是吕氏春秋、天体物理，他都能聊得头头是道。"

还有一本书在讲"唯一的目标"这个概念时，写道："作为有强迫症的作家和臭名昭著的烟鬼，加西亚·马尔克斯表示在创作《百年孤独》的'十八个月都没起身'。"

这两条信息如果不加甄别，我们会感受到强者的能量，一个在输入端做到极致，一个在输出端做到极致。但试想一下数量和状态，又不免有点儿怀疑，想和身边人讨论一番。大多数人看到这两条信息的直观感受是——说谎，太夸张了，这是艺术加工。

我开始怀疑，自己最初为此而感到震撼，是不是很蠢？没想到剑飞看到了第一条时表示自己是相信的，并公开和大家谈了这个问题。

这让我颇为意外，但也非常好奇。因为我的相信与不信是直觉，站不住脚，像墙头草一样两边摇摆，但剑飞的相信是不同于大多数人的判断的。

首先，蔡志忠先生是有成就的人，很多人都看过他的传记，他从小就明确了自己的目标，并且在36岁前就做到了财务自由。这样的人大概率是不会说这种谎话的。

其次，做一个类比，1小时语写1万字对于很多人来说是夸张的，因为他们没有尝试过，但对于长期练习的人来讲，30分钟，甚至20分钟就能做到。

这说明，在专业领域里能够达到的高度是外行人无法用固有经验评估的。他们没有在这件事上做过研究，如同盲人摸象，并不知道更深层的状态，也没有过相应的极限挑战。

如果说，1小时语写1万字足够让人惊讶，那么有学员能每天语写10万字并连续输出271天，这么看来，马尔克斯创作《百年孤独》时十八个月不起身似乎也不是不可能的。

虽然我们确实无法考究这两个事件的真假，但从当事人的身份上看，他们说谎的必要性不大，而且说不说谎的意义远不及我们获得启发的意义。

就像我最开始感受到震撼，并且觉得要在输入端和输出端做到极致，这样的启发更为重要。对于事件的绝对真实性进行考究的意义，小于通过事件获得启发并做出改变的意义。

因为相信，才会挑战极限，才能创造奇迹。

很多事情，停留在讨论层，永远只能让人怀疑或盲目相信，只有去做、去挑战才能理解和见证奇迹，或者用实践戳穿谎言，这是更具学习能力和改造能力的人的做法。

原先我在看任何一本书的时候都会盲目相信，后来又走向其反面，总在两极。现在发现，我的做法谈不上好坏，只有大量地实践或接触相关信息，不偏听一家之言，才有可能获得真知。如果有一个道理，哪怕它有艺术加工的成分，但它确实帮助我们成长了，我们又有什么理由排斥它呢？它已经发挥了它被善用的价值。

059

稳定的细节控制是专业的体现

如何体现一个人的专业度？一方面在于稳定，即不出错。另一方面在于对细节的控制，即能出彩。

什么是细节？

从时间维度上看，细节是用分钟甚至秒去衡量的，比如，培养分钟级的习惯，随时随地开始阅读。

从事物维度上看，细节是对量的精准把控，比如，确定西餐原料的配比需要用到秤，分毫不差地称好。又像在语写中精准把控每分钟输出高于 300 字的速度，并且稳定在 400 字。

一件事情只要做得熟练了，就具备了一定程度的细节控制力。

无论我们是否对于专业能力有要求，在生活中，都会在某些方面因为做得多而产生细节控制力，并变得游刃有余。比如，能踩着点上班的"老油条"，对于上班时间的控制力是专业的。只是这种专业能力看上去不能产生多大的收益，顶多只能是多睡 10 分钟懒觉。

如果把这种能力迁移到更有价值的事情上，比如能够练成 5 分钟演讲不差一分一秒的技能，可能会带来更大的收益。

为什么要练习细节控制？

因为这是一种精准表达，就像写作，如果能保证每篇作品都是 500 字，这也是一种能力。因为在篇幅固定且难度也大体相同的情况下，看文章的人投入的时间也就大致可衡量。

控制细节是一种专业能力，专业体现在能够 100% 确定结果发生或不发生上。看似很难的事情，一旦拥有了 100% 的确定性答案，也就更容易指导做事人的行为。

电影《宝贝计划》里面的"爆窃三人组"成员包租公的特长是开锁，他能靠锁的齿轮咬合声判断如何开锁，这便是对细节的控制，是专业的体现，只是我们应该把这样的能力用在正向的、对自己和他人有利的地方。

好的计划是在计划变化之前，预想到可能的变化

人们常说，计划赶不上变化。

由此产生了两类人：一类是不做计划的人，因为计划赶不上变化，所以没必要做计划，反正计划总和想的不一样；另一类是不断做计划的人，在事情发生变化的时候，他们又会重新做一份计划，继续逼近当初所想。

第一类人是那种开车不看导航，以为自己心里有谱，但实际上对路线不熟的人，他们往往在磕磕绊绊中前进，甚至忘记了自

己的目的地，一生都无法达到。第二类人是习惯开车看导航的人，如果发现路不通，便会按导航重新规划的通往原目的地的路线继续前行。

导航和人是分开的，导航是用来做计划的，人是用来行动的。导航相当于大脑，人依托于这个大脑去行动。

导航能很好地做到在变化之前预想可能的变化，因为它拥有足够多的方案和"经验"，能通过精密的计算帮人们完成计划。人虽然没有导航那么智能，但也需要学习这种能力：

（1）把计划和行动分开，作为两套系统去用。不要让自己总觉得计划赶不上变化，我们的行动和计划可能是无法完全吻合的，但核心应该是达成目标，而不是拥有一个完美的计划。

（2）好的计划不等于完美的计划，如果行动过程中发现有变化，那么计划应该是基于曾经的经验或其他有能力的人提供的方案设置的，它不是完美的，但它是在行动之前就被想到的为可能出现的问题而做的预案。

一次性计划一件事情需要经验，哪怕再有经验也未必能100%按既定目标达成。因此，人要向导航学习，有足够多的预案。在日常生活中，要多学习，多积累经验，让自己通过这种方式最终达成既定目标。

机器虽然是人发明的，但有时候我们也需要学习机器的某些处理逻辑，和感性相分离，做出相对更好的判断。拥有预测能力，绝非一日之功，但通过日常积累是可以训练的。

061

坚定的信念是目标达成的保证

很多人做事抱着"试试看，不行就换"的态度，于是开始了浅尝辄止的一生。

如同小时候看图作文中的挖井人，每次都只是试试，挖了不足一米就判断此处没有水源，于是换个地方去挖，做了很多体力活，颗粒无收，到头来只觉得资源匮乏，自己倒霉。

决定做一件事，不能只尝试，而是要把这件事不打折扣地通过实践落实到生活中。不管有没有成效都要按设定的目标铆足力气一探究竟，这需要坚定的信念。

坚定的信念有点儿像吸引力法则，它聚集了一种我们看不见的力量，像滚雪球一样越来越大，直到形成一股势能，让我们突然有了打开迷局直奔终点的能力。

回望的时候，我们会感到当初的坚定是多么宝贵，多么值得。做事的时候，只要自己坚定，大概就能克服 80% 以上的困难。

但人终究是环境的产物，人与人之间是相互影响的，有时候只有自己坚定并不能达成目标。多数人在生活中都是试试看的摇摆者，若我们拥有了坚定的信念，我们的强势能就会赋能给他人，让他们跟随我们一起坚定，从而形成一个强大的场，使这个场里面的人都很坚定。

这种力量也许难以言喻，有点儿像和宇宙发的订单，让它给予一群拥有坚定信念并想要达成某个具体目标的人回应。一次没有回应，就再发一次订单，因为坚定就是一种源源不断的订单信号，告诉宇宙——

是的，我要。

终于，皇天不负苦心人，我们迎来了目标达成的时候。

坚定的信念的表现是坚定地行动，如果只是想一想，没有付诸行动是不行的。拥有坚定的信念并让大家和自己一起坚定的典型代表就是愚公。

他的移山精神影响了世世代代的人，每个人都知道他很坚定，他不仅自己坚定，还让子子孙孙甚至未曾谋面的后代和他一并坚定。这让我们看到了坚定背后的影响力是多么深远。很多这样的真知灼见早就写在历史故事里,它们是行之有效的方法,但岁月沧桑,有些已经不再被人相信,若某天顿悟就会感到如获至宝。

应该多去看看那些至理名言,那些寓言故事,从中找到一些我们坚定相信的基本准则,好好地在生活中实践。

有时,思考我们的目标能给行动蓄力,这种力量来源于坚定的信念。

062

用系统支持个人发展

个人可控,但个人的力量是有限的。他人不可控,但他人的助力可以让个人系统运行得更好。把他人目标和个人目标绑定,当两者达成一致时,他人便能助力个人发展,提供必要的支持。

在一个人们还是会过度关注女性职场精英如何平衡工作和生活的年代,若女性能够意识到家庭成员本身就是自己的后援团,在生活中可以充分利用家庭的团队精神支持自己的系统发展,这将是非常重要的。

让他人帮助自己的首要条件是信任,基于信任开展合作。

让公婆、父母带孩子需要这样的信任，不论怎样，一个人有一种育儿理念，只要核心都是为了孩子好，就可以适当放宽要求，开展合作，这样才能保证得到信任的家人支持我们个人的发展，为我们提供有效的帮助。"男主外，女主内"的模式也一样，女性作为家庭内部的支持者，支持男性的个人发展。

一个人成家后，必须要有系统思维，把自己和家人看成一个系统，充分调动每个人的能力，让自己可以腾出一部分精力进行个人发展。

人本身是社会性动物，如果脱离他人，可能会做成一些事情，但很难做成特别大的事情。只有联动能利用的人和资源，发挥团队的力量，才能把大事做成。

每个人的内心都是一座孤岛，但每个孤岛都被海洋承载。人们需要内展和外联，把内部的能量发挥出来，把外部的资源利用起来，让整个体系循环，永葆生生不息。

063

目标是用来达成的，生活是用来践行的

每逢新年、月初、生日时，都是"向宇宙下订单"定下任务目标的高峰期。

每逢深夜、年底、独处时，都是容易发现目标未完成并羞愧良久的时候。

目标是用来达成的，但大多数时候，一个没有经过训练的人，其目标是容易烂尾的。一方面是因为他对于目标不够坚定；另一方面是因为他通过实践达成目标时不够坚持。

生活是用来践行的，行动是核心要素，只行动一阵子是不大可能完成较大的目标的，只有持续行动才算是以实践的态度过生活。

定下目标以后，最重要的不是让自己在当下感到目标真美好，让多巴胺分泌得更多，而是要在不断达成目标的过程中让内啡肽逐渐释放。践行是需要付出的，而想一想的成本明显低了太多。因此，如果定下目标只是为了当下快乐，而不经训练，大概率无法达成目标。

如果经过训练，一个人会更具有稳定性，坚持做一件事。比如，2022年我给自己定了100个语写马拉松指标，即每天通过语写输出42195字，到了年底目标达成了。在践行的过程中，我感到这需要安顿好生活，把语写融入生活。因为一天24小时并不会有变化，变化的只是自己定下了这个目标，并且要以坚定的态度去执行。非常神奇的是，到了目标达成接近尾声的时候，我已经拥有了每天语写10万字的能力，并连续挑战了三天语写10万字，完全超出预期。

在生活中践行目标，并且实现它，让我明白了训练的重要性。2022年启动这个项目距离我2018年开始语写已有4年多的时间，这为持续做事积累了一些经验。所谓的践行，不是一次性达成目标，而是不断琢磨如何达成目标，并最终达成它。这个过程慢慢发展成，只要有坚定的信念就能在短时间内快速突破，达成目标！

如果一个人从小就培养对目标的坚定和坚持，形成能力后就会发展成一种习惯，可以让自己的一生受益无穷。但如果我们小时候没有这方面的意识也无妨，现在开始，经过5~10年的练习也可以练就这种能力。

长期践行这些基本原则，浸泡在这样的道场中行动，那么达成目标、践行生活就成了自然而然的事。

064
提前寻找解决方案

很多基本原则都和前瞻性有关。比如，行百里者半九十，为了未来，要早一点儿付出代价……提前给自己更多的空间可以做更好的筹备或完善工作。

这个道理非常简单，融入生活也非常自然。就像小时候，前一天晚上准备好第二天上课用的书本、铅笔盒，次日就能够高效出门。长大后就变成了提前做一些次日计划。这些简单的行动就是从小训练的"提前寻找解决方案"的基本做法。

如果能预料到一件事情会发生，就提前去准备解决方案。按照剑飞的说法是——

064 提前寻找解决方案

不是遇到事情才寻找解决方案，而是要提前寻找解决方案！

查理·芒格说："如果知道我会在哪里死去，那么我就永远不会去那里。"利用自我提前预知的能力做出判断，把规划永远做在前面，能让事前准备更充分。

当然，这并不代表要100%确定路径才去做。一个人永远无法确定和另一个人结婚是一件毫无风险的事情，但可以根据这个人的性格等基本面判断大概的可能，提前避免性格因素可能造成的问题，甚至准备好解决方案。

提前拿出解决方案和完全没有解决方案是两种不同的人生态度，后者的人生不上保险，好似裸奔；前者不一定能保证完全没有风险，但是在问题出现时是有心理预期的，哪怕解决方案不能全然被应用，但这种思维习惯也可以让他拥有思考解决方案的定力，不会特别慌张。

人的行为是随机的，在不同时间点我们应对事物的办法也有可能不一样，但提前寻找解决方案，就有了一些确定性，也是在为找到最优答案铺路。

人的行为能力是随着训练不断升级的，如果未曾训练过预判能力，便无法发展出这种能力。提前寻找解决方案，就是一种降低随机性，增强稳定性，让生活变得相对可控的方式。

每个人的优势领域不同，确实有人前瞻性特别强，而另一些人总是顾首不顾尾，比较莽撞。但大多数能力都是可以训练的，或许训练后无法达到有些天赋型选手的标准，但至少能帮我们应对一部分的生活难题，或者让能力提升到能处理好一些特定问题的水平。

065

挑战有一定难度的目标

如果实现目标没有遇到任何困难，会感到自己非常有掌控力。这样的目标像拿杯子喝水一样简单，整个过程中的动作顺畅连贯，以至于目标达成了也没觉得有什么，只是单纯满足了需求。

"没觉得有什么"是一个信号，证明这件事没有带来成就感，也不存在难度。长期看，一个人如果只做能力范围内的事就不会有成长，成长必然伴随着接触有难度的事情，并且在不断实践中征服难题，达成目标。

当人总感觉"没觉得有什么"时，一种无聊的情绪便会油然而生，习以为常便是麻木。只有事物有难度，必须踮起脚尖探一探、想一想办法才能处理时，人的注意力才会集中，在征服困难的激情下感到有趣。

无趣就会无力，从而让人感到人生没有意义。唯有趣味滋生，事情有挑战，新鲜度涌出，意义才能流入心房。困难发生时，意义便转化为一种极强的支撑力。

人不可能一动不动，清晨醒来到深夜睡去之间总要做事。既然要做，不如就做一些长期有价值且有挑战的事情，不把时光无意中交付给无聊的事。

任何一件事，经过一些思考和设计，都可以富有难度，比如增加频率。但增加难度并不是要过度为难自己，对所有的事情都增加难度。一个人的生活节奏应该有张有弛，这样才能感受到更长久的快乐。

一个人如果不经历风雨，就很难真正成长起来，而人生刚刚好的地方就在于，没有真正的一帆风顺，有晴有雨才是生活。

066

语言是生产力

　　语言是内心的表达，培养积极心态的人，最终可以通过他的语言验证他是否变得积极。人会不自觉地用语言来表达内心活动，太累的时候哪怕不说话，通过不由自主地叹气也会把内心积压的情绪与外界进行交换，纾解一部分烦恼。

　　小时候，每当我学着大人哀叹，妈妈就会"敲打"我说，小小年纪干吗唉声叹气。我想每个成年人应该都知道语言的力量，他们会对自己喜欢的人和颜悦色，喃喃细语，对不喜欢的人一脸怒气，呵斥讽刺。这种互动方式产生的影响我们都能感觉到，但多数时候，我们把它用在对外人上，很少用这个道理让自己获得益处。

多鼓励自己，多夸夸自己，产生的积极语言反过来也会让自己产生积极的思想，促进自己积极开展行动。语言的生产力作用表现在对一个人长期的塑造上。

要多利用积极正向的语言帮自己重塑大脑系统。如果很难自发做到，可以和积极的人接触，听他们的语言，又或者打开一本充满正能量的书，把里面的话读给自己听，渐渐地让自己变成一个积极的思考者，逐渐地把自己转化成一个积极的行动者，让周围的能量场发生变化。

如果说，人是环境的产物，那么通过语言塑造的积极能量场就是给自己塑造的一个好环境。自己来决定自己怎么想，怎么活，这是多么美好的事情。

语言是生产力，是一个人实践的第一步，要保护自己的语言能力，在生活中多说积极的话。哪怕最近工作很忙，也要积极面对，告诉自己：我可以处理好一切。

067

人生是可以规划的

人的行为是随机的，但是人生是可以规划的。规划可以减少随机性，但无论怎么规划都会有随机的部分。

随机性的存在是一些人认为人生不能规划的主要原因，不过规划会让你更清楚自己选的路。一件事在具有效率理念的人看来，不仅要看是否值得做，还要看值不值得长期做。如果值得长期做，就认真努力地去做，如果不值得长期做，就尽可能不做。用发展的眼光来看，就是要注重事物的长期价值和未来回报。

持之以恒需要训练，规划能力同样需要训练。如果只做短期，基本不需要规划，随机选择就好，这样可能赚了一些"快钱"，也赚了一些"热钱",但是很难保证稳定性。稳定的高手可以持续在专业上获得相应的报酬。

前者是需要跟随风口的,撞上了就撞上了;后者不用太在乎风口,更注重的是对能力的打磨,甚至是微雕,无论什么时代都可以靠这个技能及其衍生能力获得价值。因为事物的底层是相通的,一件事情做到极致就能和其他事情打通,创造出衍生价值。

做人生规划是在早期做积累。所谓积累就是素材的积累和数据的验证,明确自己处在什么地方,要去哪里,能取得什么样的成果。把生命看成一条河流,奔赴向前是不可阻挡的。拥有一个规划,就拥有了向前的时候为了能在未来取得成果而对路过的风景进行观察、搜集、思考、打磨的能力,并随时积累可能的价值。

如果一个人做的事情周期不长,证明这件事的难度也不是很大,因此就不会让人觉得人生规划是必要的。只有秉持长期主义的人,才会在岁月长河中不断挑战有难度的事,一次不行就再来一次,最终练就了别人赶不上的能力——因为这种能力包含了岁月的洗礼。

我们看待生命,会因为人生规划而更加珍惜。因为我们总是把距离现在很远的事情拿到当下看一看,因为知道未来的那些事情是在今天就去做的基础上生根、发芽、结果的。

有热情的时候，多做一点儿

最好在有热情的时候多做一点儿。因为不稳定才是常态，所以要抓住不稳定中情绪和动力上扬的时间段，多做一点儿有价值的事情。

一个人无论有没有计划，都必然会做事。面对事情采取的态度是，喜欢就多做一点儿，做久一些，不喜欢就少做一点儿，不感兴趣了马上就改换方向。

经过训练的人，会在这个基础上有一个长期规划，不是每天即兴去做一些事，而是要求自己在相对固定的时间段去做一些固定的事，进行刻意练习。

在这个过程中，保持节奏、按部就班地推进是训练者非常期待的。他们希望每天都能像机器人一样执行计划，只在偶尔的一些时间段做一些挑战。以语写举例，日常我们希望自己保证每天输出 3 万字，差不多一个月就有 90 万字的成绩。但为了达到 100 万字，也可能会在状态不错的时候进行几次每天输出 10 万字以上的挑战。这样综合下来效果就会比较理想，一方面每天都在做，证明了自己的稳定；另一方面偶尔有极限挑战，表明自己有跨越和质变的可能。

理想和现实并不能完全一致，这也会让训练者因为沉迷在理想中而陷入误区，感到焦虑。实际上，我们应该结合之前没有计划时候的模式。如果我们训练有素，能按照机器人式的理想状态做固然是最好的，但如果达不到就要放自己一马，累了就休息一下，感到体力充沛有热情时就多做一些，实现总量上的平衡。

具体到我自己身上，从 2018 年到今天，我的日均语写字数始终保持在 1 万字出头的水平，并不是说我很稳定地每天语写 1 万字。这期间我的生活经历了结婚生子等各种大事件，我只是做到了有精力就多做一点儿，没有精力就少做一点儿。当然，我也梦想达到机器人的状态，但目前我尚无这种能力。因此我认为，人的成长是分阶段的：

第一阶段，先了解自己的能力，看自己的状态曲线究竟是怎样的。

第二阶段，安排自己在精力旺盛、有热情的时候多做，在状态不佳的时候休息。

第三阶段，让自己在逐渐稳定的基础上，叠加有热情就多做的状态。

到了最后这个阶段，我们就会有一条底线，它是稳定的根基，并且在稳定的基础上求得发展。能力进阶不应该把规则设得太死，要求自己一定要如何，而是要根据自己的状态进行调整。成长本就是一件辛苦的事情，要在辛苦之中用自己的巧劲儿维持长久发展。

构建梦想清单，做出最好的选择

人生是可以规划的，规划的前提是有梦想。人的觉醒是需要通过目标来驱动的。如果一个人没有梦想，就没必要做人生规划。

只要明白这个道理，哪怕梦想还不够清晰也可以做一些事——写出梦想，通过构建梦想清单，逐渐完成人生规划，逐渐被梦想驱动，进而成就有意义的人生。

长期不做梦，人就会失去这种能力，如同行尸走肉一般失去方向。有了构建梦想清单的意识后，可以考虑一天列 10 条梦想。虽然很快就会感到力竭，不知道要写下怎样的梦想，但这时候更需要坚持每天写，列出生活中想要的各种事物，不抗拒自己的任何想法。

任何在脑海中闪过的念头，理论上都是能力所及的。如果我们感到不能实现，一方面是内心有否定的声音，不敢接受内心的召唤；另一方面是没有实际接触过，评估不客观，这时需要的不是质疑和担忧，而是一旦做出选择就马上行动的决心。

列出所有的梦想才能给自己提供选择的素材。在选择上，感受身体对目标的反应就能找到最好的选择。哪一个梦想会让你怦然心动，早就被写在你的身体里、血液中，几乎是用你的基因在进行表达？那么，听从感受，选择这件事。

一旦有所选择，就应该给选择加一个期限。生命是有长度限制的，因此必须在有限长度内完成自己的选择。加上时间维度也更容易看出选择的重量级。或许 100 个梦想里有 10 个是让人心动的，但是在这 10 个梦想里我们发现有些比较容易实现，有些很难实现。经过一系列的筛选，这些梦想会有一个排序，我们也更能厘清自己到底想要什么，以及需要为哪些事情做长期准备。

但不能把自己的时间占得密不透风，以至于没有空间融入新的梦想。要给自己留出 50% 的时间，让时间有调整的可能性。

我们发现，怦然心动的梦想并不一定是今天才有的梦想，可能是过去做过但没有做完的事。从概率上讲，一个怦然心动的梦想不会是首次出现的。曾经积累的经验也可以作为参考，那可能就是我们的优势领域。如果有优势，也有积累，实现梦想就会更容易。我们再有意识地深入去打磨，这个梦想就会增值，从而变得熠熠生辉。

总结下来,"构建梦想清单,做出最好的选择"的行动方案是:

(1)列出生活中有多少个选择。

(2)找出最好的选择。

(3)给选择加一个完成期限。

(4)留出 50% 的时间。

(5)选择与过去的优势相关的事情。

(6)努力做几十年直至取得成果。

这条路径看上去并不难,但能做到很难,需要刻意练习。从想象和对生活的观察开始,再进入对自己的了解和对生活的评估和平衡中,最后努力在优势领域坚持到底,直至取得成果。

070

重视才会有时间

作家阿西莫夫在住院时，工作反而比原先更多，也更有节奏感了。在病房里，他依然重视自己的时间和产出。反观我们，如果觉得某件事很重要，真的能做到为之付出时间吗？

以读书为例，我们对读书的重视程度如何？大多数人对于读书的认知只是这件事很重要，很少有人问以下两个问题来洞察自己对读书的实际重视程度：

第一个问题：每天读书这件事是一定有时间做的吗？

第二个问题：如果这是一定要发生的事，真的做到了吗？

得到的多数答案是否定的。做一段时间关于读书的时间记录，会发现用在读书上的时间并没有我们想象中的多。性价比最高的成长方式之一一定有读书，如果能做到每天用几小时的时间读书并使其发挥价值，需要具备一定的条件：

（1）不错的体力。能伏在书桌前看书，这是一个体力活。

（2）给读书腾出时间。坚持读书需要在生活的其他方面做一些减法。

（3）有远见，追求长期价值。读书是需要积累的，短时间不能看出有什么用，只有长期做才能增值。让积累下来的知识发挥效用，才能感受到时间所富含的价值魔力。

（4）要去读一些有难度的书，比如专业著作或领域文献，长期读是有价值的。

（5）让变现形成现金流，而不是单次收益。读书变现是有难度的，但是读书一旦能变现，它形成的便是现金流，而不仅仅是当前时段的回报。好比有人愿意给你 100 元，但实际上这对你来说不会产生现金流，如果后续不再继续获取，从另一个角度来讲，我们是亏损的。

重视一件事就会在这件事上投入时间，找到做成这件事可以遵循的基本原则，并获取成果。重视会帮我们找到更适合自己的基本原则并践行它。

"重视才会有时间"，是因为我们把事情的优先级提高了，在效率上做加法，在不必要的事上做减法，用通过行动创造的现金流去匹配或超越时间的流速。

071

状态是可以调整的

人是情绪动物，情绪会伴随我们产生各种不同的状态。在平凡的一天之中，随着情绪的改变，人的状态也会有起伏。何况生命中总会遇到大大小小的事，喜怒哀乐在所难免。如果想要做成事，我们必须学会发挥情绪的正向价值，调整好自己的状态。调整状态便成了人生的必修课。

想要成为什么样的人，是从思考开始的。把想要变成现实，与我们的情绪状态有很大的关联。

"你怎么想，你就是一个怎样的人"的核心在于状态稳定，把稳定的状态变成性格体现出来。调整好状态持续做事，是我们修炼自我，使自己变成靠谱成年人的重要方式。

状态好坏和一个人有没有目标有关。一个有目标的人通常行动会更积极，对未来充满希望。利用这一点，我们应该让目标更清晰，通过行动可抵达，从而激发积极的态度。

情绪始终都在，但并不能保持不变。正如月有阴晴圆缺，人有悲欢离合。在那些阴霾、悲观，缺乏动力的消极时刻，我们需要用一些具体方式调整状态，比如冥想、听轻音乐、做运动、读书、喝水、唱歌、洗澡……

最神奇的是"哈哈哈哈哈"，它是状态不佳的时候放声大笑发出的声音。利用语言是生产力的原理，带动心理能量，能使积极的情绪多一些。多数人刚开始看到这个建议会觉得可笑，但试过之后却能感到惊奇。

除了调整状态，人还应该在状态好时为状态差时准备一些预案。比如刚才提到的调整状态的办法是提前想出来的，只要不在状态，就可以去执行。等到状态不好的时候再去想解决方案是比较困难的，那时候大脑大概率已经罢工了。提前做准备，更容易重启状态。

状态不好时要告诉自己：过去不重要，未来才重要；现在的情绪不重要，感受它并且走出来才重要。

总结一下，遵循以下几点会让我们更快地恢复状态：

（1）你怎么想，你就是一个怎样的人。

（2）明确的目标比模糊的目标更容易达成。

（3）充满希望，行动才会是积极的。

（4）让自己拥有重启状态的能力。

其实过去的我很容易陷入情绪的泥沼，体察会更敏锐。当时我会想，我要是性格粗犷一点儿就好了。后来明白，事物有两面性。敏感虽需要想办法调整，但它带来的体察确实更有利于创作。积极思考会让劣势发挥出其可贵的价值，反而更容易获得积极的情绪和行动。始终记住，状态是可以调整的，要在能力范围内将状态调整到最理想的档位。

假期的意义在于积累

一年有多少天是假期呢?

如果只计算法定节日,一年有11天;如果加上所有的双休日,一年有115天或116天。也就是说,一年中约有30%的时间是处于休息状态的。

大多数人对于假期的概念就是休息和放松,这无可厚非。但是想一想,一年竟然有1/3的时间都用于休闲娱乐,对于一个想要成长的人来说就显得有些浪费了。这类人在日常生活中都有时间焦虑,但却不一定真正考虑这115天的"隐形"时间可以用来干什么。因为不曾思考,所以在惯性上服从了节假日就是用来休闲娱乐的安排。

我第一次意识到节假日是非常好的成长时机，适合做深度积累，是因为看了李笑来的书。我发现很多高手都是这么做的：他们对于时间如何安排并不会基于传统，而是基于自身需求。他们的时间颗粒度非常细，细到以秒为单位。时间是贵的，这在他们身上体现得淋漓尽致。

5天假期，理论上可以读20小时的书，每天能读4小时，5天能过出日常学习20天的感觉。时间的支出就像做生意一样，需要精打细算，在这样的日子挑战自己确实是意义非凡的，数年后依然会记得那5天学过的内容，因为提高了时间使用密度，使其变得特别。这并不代表他们不娱乐，只是他们更愿意错峰娱乐，提高娱乐的体验，因为非假期景点的人可能更少。

假期做积累，好处在于集中突破。对目标的推进比往常更富有量级，不仅有利于出成果，也有助于获得成就感和自信心。

如果对成长感到焦虑，那么这种做法可达到先走一步缓解焦虑的效果。可以说是笨鸟先飞，也可以说是迎头赶上。

总之，假期是学习和成长的黄金时期，是修身修技的好时期。如果没有这样的经验，可以先用3天假期进行尝试，规划并完成一个小目标。逐渐体会这样做的好处，最终达到优化和重塑生活的效果。

073 做量级，数量到位，理解到位

学习是一个体力活，但在学习的过程中，能力会逐渐增强。就像锻炼身体，如果我们没有持续锻炼，就无法感受到锻炼能给身体带来的改变，因为短期效果并不明显。

很多事情都是要做到一定量，才会有提升和突破的。似乎有一个临界点在那里，超过那个点，体验和感受都会不一样。

量化的重要性就在这里。我们不仅能感性地知道做一件事有用，还能通过数据理性地知道到底达到什么样的量级才能实现真正的飞跃。

就像婴儿的成长，三翻六坐七滚八爬，到了那个时间点，孩子自然就会发展出相应的能力，这是一种相对普遍的规律，但对于个体来讲还是会有些许的差异。

差异来自训练时的专注度不同，导致训练质量不同。专注训练的效果会更好，一旦达到质的飞跃，便会有新的体验，对这件事的理解程度也会上升一个台阶。因此，同一事物对于处在不同人生阶段的人来讲，是完全不同的。

写作这项技能的训练也如此，用纸笔写作、电脑写作、语音写作是完全不同的，但都需要量级。现在人们比较能理解前两种方式，能身心结合做好用纸笔和电脑写作，但对于语音写作，大多数人会觉得这是一个能理解但参不透的技能。因为训练量不够就不能达到身心结合并流畅输出文字的效果，如果训练十年左右，对语音写作的理解及体验都会发生质的变化。

回忆曾经学习用电脑写作的过程其实也如此，从聊天室学会打字，不再"二指禅"，花了一两个月，但真正能直接写出文章大概要数年，在学习的过程中，积累量级永远是无法避免的。一旦获得就会发现，自己和之前已经处于两种境界。

因此，无论做什么事，必须坚持相对较长的时间并达到量级临界点，形成质变才会理解到位，才能有真正的成果。而耐心、专心和信心是推动达到量级的重要抓手，耐心帮助我们做长期，专心帮助我们提高单次训练的质量，信心在每一个困难时刻为我们注入力量，因为你相信自己可以达成，你才有勇气真正做到。

花足够多的时间赚钱

赚钱是一种能力的结果。如果能够赚到钱，证明这种能力具有被市场认可的价值。

理论上，如果一个人的时间用得不够好，那么绝大多数原因是花在赚钱上的时间不够多。

在我的理解中，赚钱是主动谋取价值，获得成就感的方式。获得成就感就是生命的意义。当然生命的意义不只是赚钱，但如果一个人可以在赚钱这件事上花费时间，那么所花的时间便可以提供价值。

如果一个人直接从赚钱本身入手，这是很难的。提供价值，通过价值获得回报才是根本。想要拥有提供价值的能力，就必须为某件事提供有差别的服务，即具有某种相对不一样的属性，比如赢得客户的喜爱，或提供刚需型的产品。

无论是哪一种，都需要付出。付出时间去赚取资源，进而把这种相对稀缺或刚需的资源卖给客户赚钱；又或者是付出时间修炼技能，用能力给客户解决问题赚钱。两者都需要时间，也都是善待时间的一种方式。时间利用得好，人会容易感受到价值和意义。

花足够多的时间赚钱，抵消了一个人的无聊感和无意义感，为自己和家人创造了财富，也会让彼此更幸福。这个世界上的绝大多数问题都可以用金钱解决，不能用金钱解决的问题就需要我们付出时间和精力。我们的时间使用能力变好，需要一定的过程。把时间和赚钱结合，就像把隐性的金钱与显性的金钱结合，让生活朝着更有意义的方向进发。

过去我们会因为价值观而羞于直接谈论金钱，但金钱实际上没有什么错，商业反而是很好的驱动力，关键在于如何看待金钱。把时间换算成金钱来理解生命的意义，是在两者之间架起了桥梁，找到两者的平衡点，掌握其中的秘密和逻辑，给自己带来更幸福的生活。

专家不是做所有事的人，
而是做细分领域事情的人

没有人喜欢这个世界上所有的食物，也没有人能读完这世界上所有的书。在任何方向上做到完全都是很难的，正如我们永远不可能做到完美，只能趋于完美。

同理，一个人想要成为专家，不是要做所有的事，而是要在一个领域内做事，并且力所能及做到极致。细数那些成名成家之人，很少有"大而全"的，多数都是集中在一个领域去深耕的。

最终，我们是因为修了一条"狭窄"的路，而把路越走越宽了。

我们修这条窄路的能力和修其他路的能力是差不多的，如果我们愿意一直修这条路直到生命的尽头，那便会产生一条无限长的窄路。直到发现没人修得比我们长，我们便是这个领域的专家。

一个人总能在修一条窄路时找到自己的所爱，并基于一个细分领域中自己热爱的部分，将其发挥到极致，变成专家。

每一个细分领域都值得深挖，也都有它的艺术。当我们能意识到这一点的时候，投入一辈子的热爱去做，使它趋于完美的可能性便会高一点儿，成为某个细小分支最厉害的人的可能性也会多一些。这也验证了，世界无限辽阔，作为沧海一粟的我们，只能有"一粟"的价值，但如果"一粟"发光，也会有无限魅力。

成为专家的前提是集中精力做一件事，不断打磨。这或许会花掉一生的时间，但很值得。

你能成为什么样的人，取决于你想成为什么样的人。而非你真的是什么样的人。

关键在于"想"字，一种只是想想，并没有真的一定要做。一种是仔细想想，想得很清楚，有了清晰、明确的行动路径。

——《时间价值：积极主动地创造》

第 4 章
成为你想成为的人

076

大量阅读

阅读是成本低、受益大的一种成长方式。在日常生活中，阅读并非意味着创造一种可能，它一定会创造多种可能。首先从选择阅读和阅读方式上看。

（1）选择阅读就是挑选的过程

阅读不是说什么书都读，而是读对于我们有帮助的书。跟所有事情一样，力所能及地做到极致，意味着选择现在能读懂的书。但也要明白，阅读不仅仅是一种消遣，我们也需要读一些有难度的、严肃的书帮助自己提升。虽然日常生活中我们很难意识到有难度的书的价值，但如果把它变成生活的一部分，一段时间后我们一定会发现它的价值。

（2）用适合的阅读方式促进阅读

阅读方式可以是选读、略读和精读。

选读是把某个领域的所有书找出来大量地阅读，从而更深入地了解这个领域。略读就是读书中的一部分，通过这一部分和生活结合，让自己从片段中获得收益。精读是把一本书反反复复地读好多遍。精读的书是我们筛选出的能对我们产生重大帮助的书，量并不多，但我们时常读，常读常新。

可以说，阅读是一种生活状态，因为它融入生活，指导生活，且不会产生太高的成本。看一本书并不会给我们带来很大的收获，只有持续地阅读才能改变命运。这就意味着我们现在做事的智慧都源自曾经读过的书中的道理。

有时候我们会觉得有些事情无法理解，有些书看不懂，但其实不必着急，要等一等，时间到了自然会懂。就像过去我一直不太理解叔本华的好，虽然见过无数人推荐，但总感觉和他没有缘分。直到最近两年再次翻开他的书，突然有一种不一样的感觉，发现了他的厉害之处，想要和他成为朋友。实际上，读书和交朋友没有太大的差别，读书确实也能帮助我们选择朋友。

如果要探讨阅读的意义，可以从现实意义和非现实意义两方面入手。

（1）现实意义

阅读可以带来大量的物质财富。阅读可以增长见识，提升工作能力和应对现实问题的能力。

有很多道理不是自己悟出来的,而是从书中得来的。书中会告诉我们要怎么做,然后我们按照书中所说的做。比如,在看过剑飞的"时间记录"系列图书之后,我们就可以把它用于实际;其"语音写作"体系的形成也得益于他看了大量关于写作的书。

(2)非现实意义

阅读给我们带来的非现实意义是可以让整个人更加充实,在遇到困难的时候不会退缩,在逆境中能快速崛起。

阅读可以让我们在非常忙碌的时候拥有一个自己喜欢的世界。在阅读当中体验到的乐趣,既可以穿越时间,也可以穿越空间,让人能够暂时脱离现实生活中的琐碎事情,放眼眺望漫漫人生。

平常我们过着一种现实的生活,在阅读中我们可以过上一种理想的生活。

这便是阅读的意义,也是一个人应该大量阅读的原因。

赶紧出书

大量地阅读！

大量地写作！

拥有丰富的内在，写出一生中所有值得记录的事，让自己成为作家。

当然，成为作家可能只是少部分人的梦想，但是当一个人用作家的身份要求自己，致力于文字创作的时候，他对写作的认知就是不一样的。

有了成为作家的念头后，必然会想到出书。一旦想到出书，就会想着写成体系的作品。之前只是随便写写，但这将成为过去。

没有人能不假思索地写出一部成体系的作品。

写成体系的作品，更能锻炼写作者的能力。设想自己在写一本书，不管最终是否形成了可出版的作品，这件事本身都会让一个人在写作时用作家的身份看待自己，用专业的态度要求自己。

抛开情怀，从利益的角度出发，我们来算一笔账。

首先，作品可以成为被动收入的来源。假设一个人不是顶级畅销书作家，其版税虽然不多，但如果一本书一年能给他带来1万元的收入，写100本书就有机会给他带来100万元的收入。如果像马尔克斯一样写了一本经典书，努力一年半或几年，性价比是极高的。基本上我们能听到的有名气的作家都是收入达到百万元级别的"富翁"。

其次，版权保护在作者去世后50年都还在，因此作家能给家人留下一笔宝贵的财富，这是一种传承。可以从这个角度去考虑，让自己拥有被动收入。

再次，当我们这么计算的时候也会发现活得更久更划算。一方面，这会有更长期的被动收入；另一方面，长寿也意味着有更多的时间感悟生活并进行创作，一切的财富都是在身体健康的基础上获得的。

最后，我们发现做任何事情，长期做都会有感到无聊的阶段，事情都会有跌宕起伏，但完成目标，尤其是出版了作品，会让人在事情完成后感受到做成一件事的美妙和成就感。

如果一个人想要把自己活成一种符号或一个品牌，可以试着通过写作达成，每一个文字都是自己生命的代言。

专业是一种确定性

专业是一种稳定性,也是一种确定性。

每天语写1万字是一种专业的体现,一天三场直播也是一种专业的体现,并且可以看出,专业的要求是不管有没有观众,都一天播三场,每场不低于半小时。专业是对自己的要求,不是对别人的要求。观众无论什么时候有空,只要在专业人士的固定营业时间去往那里,都可以看到专业人士在做那件事,这是一种建立品牌的方式。

就像写这本书,别人刚开始接触时会感到这是一个有意思的话题,但是如果我写完了101篇,便会有人认为我专业,因为言出必行就是一种专业的表现。

专业是通过时间塑造的。

一件事情，若能让人有收获，就要做长期。不对别人有期待，只对自己有要求的人才耐得住寂寞，愿意用孤独换取专业能力。

专业的稳定性是随着时间的推移而显现的。如果开一家店，就问自己：一百年后它还在营业吗？如果还在，我们可以说这是百年老店，是一种专业传承，必然也会因为这种专业而让更多人愿意买单，这就是专业形成的品牌力量，也是时间沉淀出的价值。

因此，不论我们想做什么，想要专业，就要始终本着对自己有要求的态度，以 10 年为起步去做，再用一生来打磨。一辈子要做的事情不必很多，只要有一件，就可以达到专业水平。一辈子不要求获得太多的关注，因为你若盛开，清风自来，为专业买单也是客户获得确定性产品的一种方式。

079

实践一个道理而非听一个道理

很多人都有一种"听了那么多道理，依然过不好这一生"的感慨。这句话听上去是人间真理，但实际上是因为我们只停留在听到的阶段，而没有进入真正去做的践行阶段。

"实践是检验真理的唯一标准"，这一道理人尽皆知。但是知道不等于会用，因而这个过程没有产生价值。真正对于一个人有帮助的一定是"实践出真知"。

走过千山万水比在家做白日梦有用。人要用行动来感知这个世界才会有收获。活着，是动态的，而不是静态的。就算我们不动，大脑也会不停地思考，甚至在我们睡觉的时候也会不知不觉中进入一些梦境，让我们在某种情景之中动起来。

宜动不宜静，不是身体动，做体力活去实践，就是大脑动，复盘怎么做才会更好。生与死的差别就在于可以动与完全不能动。

看到别人会做某件事，自己的大脑会先发出信号，觉得羡慕，这证明我们对此有感受，那就应该做做看。因为自己尝试去做获得体验感和看别人做去构想出体验感是完全不同的，这类似于听一个道理和实践一个道理的不同。

只有尝试去做才有真正了解的可能和学会的可能。哪怕是看上去特别厉害的人，如果什么都不做，他也无法真正地成为专家。

衡量一个人是不是厉害的方式是客观的，通过行动、数据和成果检验，而不是听说。因此，只有开始行动，生成数据，产生结果，你才会被看到，这才是真正的践行。用践行避免"听了那么多道理，依然过不好这一生"的尴尬，让实践开出专业之花，享受专业所带来的福利。

做比听重要，虽然做比听要花更多的时间，也更费神，但它是实实在在的劳动。要通过劳动获得成长，而非通过虚拟的想象取得进步。

080 让成果更容易出成果

无论做什么事情,都要尽可能让这件事有一些成果。小的成果可以激发努力,产生更大的成果。用小成果换取大成果,并且评定一件事值不值得去投入时间,就在于它的增长空间有多大。核心的判断原则是——

用有限创造无限。

人的一生是有限的,但是在有限的一生中可以在某个或某些领域做出很大的成果,最终达到的高度可能是自己都无法想象的。这体现了事物的生长性。随着能力的提升,这件事也得以壮大,其本身没有边界。

取得小成果能给我们带来一些成就感，增加我们做事的热情，我们也更有动力把小目标变成大目标，直面更多的挑战。如果一件事不具有弹性，不能放大，那它就不具有长期性，我们做事的热情也一定会衰减。

所有成果无论大小，都起源于我们当下的努力。只有让自己拼尽全力，才更容易出成果。不断积累小成果带来的是资源的逐渐增加。资源越来越多，能做成什么样子便是无法想象的，也会给我们带来很多乐趣。长期做不但是能把事情做成的条件，也是让自己看到更多可能性的做法。

活 100 岁的人，其寿命本身不是最精彩的，100 年的人生中所做的事情才是精彩的来源。

人生就像滚雪球，一个行动引发另一个行动，行动转化成了成果，也让成果更容易出成果。

生命中的各类基本原则大多具有创造性，能极大程度上改变人生。遵循其中的几条，人就可以受益；如果全部遵循，那么所取得的成果一定可以翻倍。

比懒更糟糕的是用错误的方法勤奋地做

我们都不喜欢懒人，觉得他们没有为家庭或社会贡献价值，甚至连自己都照顾不好。但是相比于懒到什么都不做，更糟糕的是用错误的方法勤奋地做事情。

如果一个人用错误的方法勤奋地做事情，那他一定会面临一场灾难，这会产生很多负面效应，可能还不如犯懒。就像很多对社会有危害的人，他们越是勤奋，对社会的危害性就越大。这样的勤奋造就的结果，与我们想要的正向的、阳光的且有利于家庭和社会的结果是南辕北辙的。但每个人在生活中都会或多或少地犯错，即使这种错误不是特别严重，走弯路本身也会耽误一些时间。

因此，复盘非常重要。当一个人能够不断反思自己的所作所为时，他就可能从错误的勤奋中走出来。同时，更多地接触好的书本或人，能从一个好的氛围中给自己赋能，让自己走在一条正确的道路上。越是能清晰地思考，越是能做出正确的行动，也越能产生一些正向的价值。

比如，年轻时，我会认为熬夜很酷，熬夜让一个人的时间变多了，于是我经常熬夜。后来我才发现身体受到了损害。我越是勤奋地、日复一日地熬夜，身体状态就越糟糕。我认为精英都是用熬夜的时间去超过大多数人的，但后来发现并非如此。他们该休息的时候会及时休息，保持身体健康，保证有充沛的体力去做事。因此，用错误的方式勤奋地做事是比犯懒更可怕的事情，应该警惕。

每一天都应该审视自己，一天中有没有什么事情是不做反而更好的。如果有，那就不要去做，要把时间用在刀刃上，勤奋地去做真正有价值的事情。

每天过有规律的生活

人是要靠节奏来带动的,规律就是一种节奏。拥有规律的生活可以让一个人有更多的创造力,变得更加专业。

对于学生或上班族来说,有规律的生活依托于组织,他们在规律生活上的训练反而是不足的。从学生在寒暑假期间的状态中可以看出他们是否具有规律生活的能力,从一个上班族双休日的状态中也可以看到这一点。

最能考验人的是,一个人在退休后如何支配自己的时间。因为那时,他可能会觉得自己人到黄昏,更容易过没有节制的生活。但只有转变思路继续过有规律的生活,其才能活得更长久,让老年生活更辉煌。

每天过有规律的生活，在年轻时我们会认为这是刻板、单调、老土的。但当我们有了梦想和追求后，就会很想过有规律的生活，因为这能保证我们在某个时间段稳定地做某件事，从而达到专业的水平。

学生的专业性在于他们规律地学习，得到相应的知识和技能。上班族的专业性在于他们规律地劳作，获得应有的报酬。

规律生活非常有必要，也很重要。就像一个人想要维持体重或减重，那必须让自己过上有规律的生活，规律地饮食，让身体知道什么时间做什么事更符合人体生物钟的运行规则。

很多作家给我们的印象是白天睡觉晚上写作，这可能也算得上是一种规律生活，但这实在不如早起晨跑、写作，下午遛狗，晚上早点儿睡觉。当然，这取决于每个人的价值取向。但不管怎样，规律生活更有助于我们的生命之树成长。

拥有规律的生活，是让自己活好的基本要素。可以设置好自己喜欢的一天的样子，让框架基本不变，填充自己喜欢的内容。

083 规则用来筛选适合的人

任何事情都有相应的规则，一部分人会成功，另一部分人会失败，因为规则在筛选适合的人。

所谓适合的人并不是某方面表现最好的人，有时，在企业中会看到员工质疑领导的能力，觉得领导并不比自己懂得多；但当我们知道规则筛选的是适合的人时，就会明白：不一定所有的管理者都是最优秀的，也不一定所有的竞赛胜出者都是最好的，评价规则更多的是用来筛选当时适合的人，而不是最优秀的人。就像一颗螺丝钉，哪怕是金子做的，但是对不上螺纹也没什么用。在某些场景下，人真正的价值是适合，而不是绝对优秀。

恐龙曾经是这个世界上的霸主，但因为不适应大自然的骤变而被淘汰出局，现在只能在博物馆中被看到，成为让我们好奇的生物。

规则筛选适合的人，目的是告诉我们，这个世界上存在各种各样的规则，包括自然运行的，以及人为制定的，想要取得成就，优秀是一个衡量标准，但更重要的是适合。优秀是一个通用逻辑，大多数的规则是优胜劣汰。但规则之外更重要的是适合，这是一个常常被忽略的逻辑。

看看那些好的婚姻，我们应该会更有体会。好的婚姻是彼此适合。如果一个人找另一半的准则是对方优秀，但不考虑对方是否适合自己，那么，这种婚姻大概率会失败，除非自己不断地改变，成为适合对方的对象。

活得通透，要拥有理解和适应规则的能力；活得自由，能在顺应规则的同时不拘一格。符合这两方面的人，更容易创造出属于自己的非凡人生。

084 向做到的人学习

如果一个已经做到某件事的人,说这件事是对的,那么他大概率是对的。做到意味着已经通过实践去验证。但每个人都只是一个样本,因此我们只能说"大概率"是对的,不同的人之间会存在一些差异。

在知道一个人可以做成事之后,选择跟随他并且做到,这就是向做到的人学习。平日里,最普遍的做法就是去看一些人物传记,或在生活中发现一些优秀的人并把他们作为榜样去模仿、学习,使自己也能做到他们那样。

做到的前提是相信。相信对方真的能做到,同时相信自己能做到。只有相信，人才能发挥出相应的能力乃至潜能，真正做成事情。三心二意、将信将疑是无法达到这种效果的。

当我们坚持"向做到的人学习"时，我们就会做到很多，也会从中学到很多。渐渐地，我们也会成为别人的榜样，甚至可以带领别人做到。带领别人做到的价值甚至比自己做到更高，这也是为什么老师很受尊重，因为他们实现了价值的传播，让更多的人做到了。一旦有更多人做到，就验证了这件事是对的，会产生一种势能影响更多人，使更多人获得巨大的价值。

同时，事物和人一样也在不断进化，事物根据其运行规律进行升级，犹如我们向做到的人学习并不断做到。不断打磨自己，发现更多角度，就能了解一个事物的方方面面，从而与事物共成长。

在生活中应该向人学习，有榜样就像有锚点，可以让我们不断前行。

把每一次时空变化都当作重新创业

人活在一定的时空维度下，随着时间的流逝，人的状态会发生变化；随着空间的变更，人的行为也会变得不同。变化是中性的，可以向好，亦可向坏。

在生活中，时空变化最明显的例子就是重新创业。生活中的时空变化相较于虚拟世界中的时空变化更好理解，但在虚拟世界中，时空变化更容易发生。

比如，一个人长期在 A 平台发表作品，积累了很多粉丝，他如果迁移到 B 平台，在短时间内，相当于要重新创业。因为两个平台属于不同的市场，虽然他可以通过体力活将数据迁移过来，但是他在 B 平台上需要重新积累粉丝，并且适应 B 平台的风格进行创作。

在现实生活中，更换平台的成本比更换线上平台的成本更高，所以决定更换线下平台时，无论是在能力上还是资源上，都要做充足的准备，更要慎重。更换线上平台的成本高，但比较隐形，而且网络本身就比现实生活有更多的不确定性，因此时空变化看上去是家常便饭，我们的重视、筹备程度就没有那么高。

我们在 A 平台能发展出很好的生态，不代表在 B 平台也可以，反之亦然。因为每一次时空变化都会带来一次新的尝试，也是一次重新创业。迁移总会伴随着客户的流失，但同时又会带来新的客户。我们应该在心态上对每一次的时空变化加以重视。

往小了说，我们对自己时间使用方式的调整也是一样的，实际上这也相当于对自己能力的重新了解，调整可能成功，也可能失败。比如，设置了 5 点起床的计划，相比之前的 6~7 点提前了一两小时，这就需要我们重新考虑晚上 10 点自己在哪里，睡了没有，如果没有会不会导致第二天的早起计划失败。一个小的调整关系到整个链条中的每个环节。

我认为，任何对自身行为的改变，与我们在已有公司的基础上改变业务经营范围，本质上是一样的，都属于重新创业的一部分。故而把每一次时空变化都当作一次重新创业对我们来说是必须要重视的，因为它意味着环境改变，而我们需要有能力驾驭并适应这种改变。

用付费保护注意力

2013年是互联网元年，陆陆续续有一些产品和服务开始尝试收费。直到现在，还有很多平台正从免费的状态转向付费的状态。

我第一次听说"付费等于捡便宜"是在李笑来的书中，后来慢慢有了一些体验，并逐渐看到大多数长期学习的人都会有这种认识——

用付费保护注意力！

如果要囤资料，有人可能能囤好几GB，但是任何信息没有经过加工处理，都无法真正发挥其自身的价值。付费意味着选择，意味着只对我们关注的东西集中注意力。付费意味着态度，意味着对知识所有方的尊重，同时意味着对自己要获得的知识的重视。

知识输出方花费时间生成了知识产品，如果他人免费获取，相当于知识输出方的时间付之东流，没有获得应有的回报。

知识输入方花费时间去学习知识，如果知识产品是免费获取的，其重视程度自然不足，可能无法收获应有的价值。

如果知识输出方总是得不到回报，不产生现金流，自然无法让项目继续。对于知识输入方来说，他未来也就看不到更有价值的内容，本质上双方都在做亏本的买卖。

如果他们形成商业闭环，通过付费让价值流动起来，就会产生更有深度的内容。知识产品一旦变成免费的，人们往往不重视，就会导致这个世界充满了廉价的知识产品。可以说，付费是为相应的产业，也是为社会做贡献。这既保护了自己的注意力，也尊重了他人的成果，是一种双赢的玩法。

或许有人会觉得赚钱不容易，自己的钱很值钱；但如果钱不花出去，就没有真正实现它的价值。我们必须有基本的支出，以便让自己赚钱的能力更强。付费可以帮助我们达成这个目标，并且省下很多时间。

踏踏实实经营人生

我们不需要"鸡血",只要踏踏实实经营人生就好。

积极主动地去做,累了就去休息,精力恢复了就好好经营。在这些原则中,成长带着一丝"佛系"的味道,原因是不图短期利益,而是追求长期价值。

"鸡血"是来得快去得也快的东西,过分依靠外力。踏踏实实地经营人生依靠的是对自己和想要实现的未来的明确认知,以及笃定做事情的信念产生的内驱力。

或许"鸡血"可以让一个人在一段时间内持续做不想做的事,

并做出一些成果，但它并不是一个好的策略。我们应该尽可能尊重自己的感受，去做自己想做并且值得做的事情，踏踏实实地经营出一份成果来。

如果总是靠外力驱动，那一定程度上我们就已经受到了限制，会将更多精力用在找外援上面，比如"鸡血"从哪儿来，去哪儿能找到"鸡血"。

最好的办法是让"鸡血"来自体内，它是一种自驱力，我们可以用身体控制它，让它的释放相对稳定，这才有助于我们踏踏实实地把一件又一件事做好。或许每一件事都不大，做事进度也赶不上打了"鸡血"再做那样快，但是匀速前进比时断时续更长久，就像饭要一口一口吃，日子要一天一天过。踏踏实实代表的是一种态度，也是一种节奏：一种一丝不苟，不偷奸耍滑的态度，一种有条不紊持续推进的节奏。

当我们拥有了怦然心动的目标后，要把它分解并规划到生活中，踏踏实实地去经营，这样就实现了一种人生哲学。有一种生活方式叫作慢生活，虽慢，但很有节奏，比某些速成来得更有质量。这样的生活在哪里？可能远在香格里拉那样的惬意环境里。但实际上，如果我们能保持节奏，这样的生活可能就在我们的行动中。

给机会一个机会

机会是转瞬即逝的。

机会只留给那些随时准备好的人。

机会需要我们时刻关注,并且能在关键时刻识别出来。

机会看上去很难把控,似乎随时都要有意识地觉察它并伺机而动,但其实机会也需要我们给它一个机会。如果我们对机会不闻不问,机会就不会在我们的生活中出现,它像一个聪明的小孩,只喜欢和喜欢它且能照顾好它的人在一起。

机会有点儿像灵感,我们好像无法做到主动寻到它,但我们的每一次行动又都是在寻找它。因为行动会增强我们的能力，让我们成为那个随时准备好，且敏锐到可以识别它踪影的人。我们给机会一个机会，需要的是日常积累，需要的是勇气和选择的能力。

如果没有日常积累，则实力不够，可能抓不住机会，只能跟风，这并不能让自己有大的机会。

如果没有勇气，便会畏首畏尾，明明确定机会来了，但还没有抓住它去尝试，就又放弃了。

如果没有选择的能力，就无法辨识到底哪个机会更适合自己。是不是所有的机会都需要把握？会不会错把不是特别好的机会当作顶好的机会去对待。

生活中不乏机会，需要的是发现它的眼睛，以及给机会一个机会的能力。不是所有的机会都要把握，也不是所有的机会都要放弃，而是要根据自己的实力对机会做出判断，选择那些能够让自己成长的机会。

《黑客帝国》的男主角，在整部影片中都在为做一个普通人还是成为救世主而做选择，每一次的选择都是机会。最关键的是他面对蓝色药丸和红色药丸时选择吞下其中一颗的那一次，他选择了对方口中说的真实的世界，选择了尼奥的身份，以及成为救世主的机会。

一个人如果没有经过历练，很难有抓住机会的能力，除非特别幸运。其实抓住机会不乏幸运的成分存在。多数人在 20 到 40

岁面临的机会最多，这一时期他们恰恰也有了一定的历练和判断力，能够抓住机会，并给机会一个施展的机会，因此，机会很喜欢他们。

这些年我也有过一些机会，甚至感到大一点儿的机会似乎是以 5 年、10 年为契机出现在自己生活中的。大概这就是伴随一个人成长所到来的机会吧，每隔 5 年、10 年，自己的能力有了一点儿跃迁，机会也就来了。过去我没有给机会一个机会，因为不太懂给机会一个机会这件事，我想唯有自己成熟了，才会更懂得其中真谛。

089

越动越聪明

生命在于运动，我们越动越聪明。人是一种亦静亦动的动物，通过静止休养生息，通过运动让生命运转，在世界上发挥自己的影响力。世界也会接收我们的感应，反作用于我们，帮助我们提升理解力、增长智慧，让我们越动越聪明。

有一本育儿书就叫《越动越聪明》，阅读它更能理解运动会贯穿一个人的生命周期，让大脑动起来是我们的责任。

小时候老师总说，同学们动动脑筋，头脑不用就会生锈。长大了，我们会发现头脑并不是铁器，它不会生锈；但如果不思考，头脑确实会变笨，堪比榆木疙瘩，可能敲都敲不醒。

089 越动越聪明

大多数人过了学生阶段，就觉得学业画上了句号，再也不用学习了。但人是停不下思考的生物，思考本身是一个学习过程，人又怎么可能不学习呢？

不管我们主观上是不是想要动脑筋，客观上我们的大脑都无法停止活动。白天我们自主思考，晚上可能通过做梦继续让大脑活动。在主动思考时，我们会沉浸在一种利用思考和学习的成果不断解决问题的状态中，以此为能力经营好生活。

曾国藩进入翰林院初期也认为不用再背书学习了，但没想到翰林院随时会举行考试，非常严格。很多人本以为得到一官半职就可以放松一下，但事实并非如此。虽然平日他们差不多半个月才到岗一次，但如果考试成绩差就会被扣钱并施以其他惩罚，因此翰林院的每个人都很有压力，感到如履薄冰。

曾国藩正是被环境所迫，充分思考并明确了自己的人生目标——做圣人。于是他每一天都在思考，通过日记进行反思，也通过日记做功课来增加自己的学识。

如果曾国藩不做日课，不常常反思自我，不动念，不动心，不行动，恐怕无法变成超越众人的人。故而，我们要从小开始，始终保持动的姿态，多思考，多行动，这样才能进步更大，更富有智慧。

090

生活不是用来学习的,而是用来践行的

人们的学习形式越来越丰富,从传统教学到主动看书,再到通过网络视频、直播等学习,社会上一度掀起一阵学习热。很多人把终身学习者作为自己的标签,督促自己成长。相比于把学习成长束之高阁,这确实是一种进步。但时间久了我们会发现,如果只学习,生活的改变和个人的成长并不会很大,究其原因便是——太爱学习了。

太爱学习,会导致没有时间去实践,人就无法通过切身变化体会成长。只是头脑成长,对我们来讲,就像看了很多"鸡汤"却过不好人生就断定"鸡汤"有毒。其实"鸡汤"是鲜美的,只

是这种终身学习而非终身践行的态度，没有把"鸡汤"真正消化。只是闻了闻味道，没有喝下肚让胃感受感受，就得出汤不好的结论，这是不客观的。

为什么不少人回忆学生时代都觉得，自己好像也没学到什么，可能就是因为缺乏践行。哪怕我们只是制订了一个为期 21 天的跑步计划，都是一次很好的学习和践行机会。因为要思考去哪里跑，跑步姿势怎样才对，怎样才能保证跑步的时间等。其中伴随着一系列的学习，但它又是一场能让你逐渐感受到身体素质增强的实践。

还有一条原则是"目标是用来完成的，生活是用来践行的"。可见，践行非常重要，正如剑飞把《奇特的一生》读薄又读厚了，完全是靠践行推动的。读完《奇特的一生》，他开始做时间记录，并引领一群人去做，让柳比歇夫的理念影响了一群人。他又通过时间统计 App 将这种记录变得简单，让人们腾出手来去思考和改进使用时间的方法，从而对《奇特的一生》的理解更深入，产生了更多心得体会。这样的学习才是真正有价值的学习，是融入践行，能带来成长和实际功效的学习。

践行是学习的落地，如果只学习，不考虑落地，人就会变成书呆子，只活在理论中，对生活也不会产生影响，无法实现大的突破。因此，不要太爱学习本身，要热衷于边学习边实践。

091

用人生 20%的时间养活 80%的时间

粗略计算，人的一生中大概有 20%~25% 的时间是用来工作的，剩下的时间是用来生活的。也就是说，我们在用"二八法则"养育自己。

我们提倡，要尽可能地用 80% 的时间去创造，让自己过上想要的生活。这个理念和利用下班的时间不断成长相似。因为在这 80% 的时间里我们是自由的，自由才能创造。我们在这些时间里做的事，决定了我们的人生高度。

如果合理地利用这 80% 的时间，我们的认知能力会不断提升，并会活出不同的人生状态和生活态度，创造的价值也就超过了只在工作时进行创造的大多数人。比如，将这段时间投资到育儿上，我们将拥有美好的亲子关系，生命会比原先更有温度，也会因此产生很多育儿故事，并梳理出一些育儿理念。又比如，将这段时间投入一个兴趣爱好中，以 10 年为周期去做，就很可能发展出一份新的事业。

20% 的工作时间又意味着什么呢？

或许它意味着不那么自由，只是单纯为了生存而存在的赚钱时间。但将它数据化之后，我们就有能力改善数据。例如，把工作时间从原先的 20% 压缩到 10%，那么效率就翻倍了。关注数据就是关注其所反映的质量，当我们把工作时间压缩到 10%，那么 90% 的时间就都是可以用来创造的，创造的时间增加了，创造的机会就更多了。

可见，调整时间结构，提升效率是非常重要的，但我们首先需要看到这部分数据的实际情况。相当于找到参考坐标，知道自己在哪里，这样才能思考出自己想要去往哪里。

一天只有 24 小时，如何使用就像玩跷跷板游戏一样，这边多了那边就少了，平衡是一门艺术。关键是在想要的领域增加时间投入，在不想要的地方减少时间投入，让跷跷板发挥它的杠杆作用，把我们带到一个满意的循环中。

092

真正的成长是已经看到更大的世界

成长是伴随着认知提升而获得的,但又不是单纯靠认知的提升就可以获得的,而是要付出一系列的行动。行动和认知相互作用,实现成长。认知的扩容和改变是成长的前提,简单来说就是扩大自己的格局和眼界,让自己具有看到更大的世界的能力。

通常我们会认为,认知变了就成长了,所以知道以读万卷书和行万里路为衡量标准。这是因为看到并感受到才是改变的催化剂,但是知道别人已经做到就心生羡慕,或者看到别人已经获得成功就产生思考,这都没有用,因为这只能说明我们"正在看"。

一个真正进入成长状态的人,其衡量事物所用的标准时态是完成时，不是"正在看"而是"已经看到"，不是心生羡慕，而是自己也做了。

这就好比，有人能做到一天读一本书，一年读 365 本书。观摩的人会羡慕惊诧，从而感叹——他太厉害了。

不可能读这么多书吧？翻了翻吗？速读吗？能消化吗？

不管是认可还是质疑，这都是"正在看"，不是真正的成长者的态度。

只有自己也去做做看，并分析如何能做到，才可能成长。把别人能够达到的高度认定为已经发生的事实，进而创造属于自己的可能，这是已经看到更大世界的做法。

当我们拥有了已经看到更大世界的原则，就可以建立自己的循环体系：

用读万卷书、行万里路去找"更大的世界"，看到它并确定这是自己想要的，就把它转化成已经看到"更大的世界"的模式去践行，之后发现自己真的创造了一个"更大的世界"，然后把它纳入"自己的世界"，于是又开始寻找新的"更大的世界"……

已经看到更大的世界是一种节省时间，不去质疑也不去羡慕而直接融入自己体系的做法，干净利落。如果我们能像游戏中的贪食蛇一样，让自己越来越强大，那么我们能回馈给世界的价值也会越来越大。

093

保持热忱

热忱展现了某个人的激动迫切之情,指的是达到狂热程度的热情。我们基本可以品出,拥有这样的热情,更容易把事情做成。因此,热忱是做成事情的底色,是一种原动力。

一个充满热忱的人会有持续不断的能量,推动自己做事情。一个人要想长期做事,必然需要保有一颗热忱之心,让所做之事产生温度,让能量在自我和事物之间传递。

如果我们在生活中认识一些热忱的人,就容易被他们带领,进入一种良性循环。这是因为他们所带的热忱磁场会吸引我们。

每个人生来都很平凡，要在平凡中铸造自己的不平凡需要热忱的力量。能力平平但拥有一腔热忱的人，往往能超越能力很强但毫无热忱的人。

热忱的人做事会非常有动力也有魄力，能积极行动、思考，把平凡的一天变成有温度的一天，把生活温度不断传导下去，复制到日常生活的每一天并影响到更多人。

热忱需要依托事物展示它的魅力，它是高手的隐藏技能。高手在某个领域取得成就，一定是因为他在这方面拥有高度热情和稳步推进的行动力，而这背后的根本原因是保持热忱。

热忱不分年龄，不分性别，它的原生力量在我们接触到一个人的时候就能感受到，热忱的人能更快地调整状态，从容地面对意外和困难。

我想，坚持做时间记录 56 年的柳比歇夫是对生活保有热忱的典范，他严格地记录了自己的时间使用方式并不断地分析它们，进行优化和改进。诸如此类，一个人在其所在领域中持续付出并永不生厌，就是对热忱的力量最好的证明。

094

每天都在成长，阶段性溢出

成长不能只是一句口号，它一定要体现自身应该有的价值，即做成了什么事。当这些事能够在生活中具体地呈现时，对成长者本身就会产生能力和气质方面的影响，使得其他人，哪怕是身边经常接触他的人也能感受得到，这就是形成了"成长溢出"。

"溢出"是杯已满但还不断注入的状态，这种状态比"杯中有"更惹人注目。渴望成长的人都希望自己的成长有实质性体现，带来的进步让自己获益并被别人感知。

自己能够感到进步是第一阶段，证明我们的行动有了一些效果，比如，相对过去能不太费力地每天早睡早起。而成长溢出代表了一个新的阶段，像从量变到质变，让别人能看到自己的成长，比如，把早起的时间用来健身，身体越来越健康时自己很有体会，看上去更年轻的精神状态更容易被别人感知，这种感知就是"成长溢出"的体现。

"溢出"是过了成长的某个临界点后发生的，如果一个人没有持续行动，那么即使到了这个点，也不会发生溢出。我们现在看到的那些成就满满的人，曾经也都经历了从成长到成长溢出的阶段。比如，李嘉诚年轻时每天工作 15 小时是常态。他积累到一定量级便成长了，慢慢地有所溢出，最终拥有了大量财富。

理解了"成长溢出"，才会因为这种期待，而拥有追求"溢出"的动力。在没有"溢出"之前，要积极行动让自己感受到进步，在不断进步之后，终有一天身边的人也会感受到，那么便是实现了"成长溢出"。

成长是一个线性的过程，"成长溢出"像是一个里程碑事件。我们不断地往前走，去遇见自己的"溢出"，这是最好的答案。

095

不说问题，只说解决方案

人的注意力是有限的，把注意力放在说问题上，就会有源源不断的问题产生，就像小时候每个人都是"十万个为什么"。如果我们的目的是解决问题，那就把注意力放在解决问题上，去寻找解决方案，而不是反复提及问题。

在人生的不同阶段，要做的事情也不一样，把注意力放在解决方案上，人的能力就能在解决问题时发挥出来。人既然可以提出"十万个为什么"，便也可以找到"十万个怎么办"。大脑的神奇之处在于它的开放性，以及思考问题的灵活多样性。

一个问题不可能只有一个解决方案，一个解决方案不可行或不符合心意，就再去找其他解决方案，要把思考解决方案当作日常功课去做，而不是把说问题当重点。

把注意力放在寻找解决方案上就会获得很多解决方案。虽然我们只会取为数不多的去实践，但在解决方案的多样性上下功夫是非常值得的。这样不仅锻炼了脑力，也促进了问题的解决。场景的细微变化会导致解决方案的不同，个性不同的人也会有不一样的解决方案。当我们想不到解决方案时，也许并非真的想不到，只是没能考虑到其他的角度。比如，张三和李四的性格不一样，那么他们面对同样问题的解决方案分别是什么，答案应该也是不同的。

把时间用在寻找解决方案上，会让自己在面对困难时有较多的出路，也容易培养稳定的情绪。如果把时间花在说问题上，问题可能的确被描述得更清楚了，但仍得不到解决，就像一直在发牢骚，事情却没有因此得到推进。

想要成长，必须拥有解决问题的能力，而不是停留在说问题上。人是情感动物，或许通过说问题能让别人共情，更理解自己，因此停留在这个阶段会使人在心理上感到舒适，但这并不长久，若想获得长久的舒适，一定得把存在的问题解决掉。

每每感觉找不到出路时，其实有一条路正在等着你走。或许它不是通天大道，而是一条需要你亲自去探索的小径，但不要害怕，去走走看，这或许就是解决方案。

096

长期靠逻辑，短期靠憧憬

人做事靠一腔热情，先在头脑中形成画面，然后在行动中落实。对于马上要做的事，依托画面感和热情便可以实现，最典型的莫过于人太饿的时候会对食物产生憧憬。

短期憧憬的事物基本上属于相对简单的目标，靠简单的想象画面及富有热情的行动就可以达成。如果目标太复杂，便不可能在短期内实现。

长期的目标会因为其复杂性，必须被重新解构，即把大目标变成小目标，这个梳理和思考的过程需要发挥逻辑思维能力，而不能单纯靠情绪推动。

逻辑对于完成长期目标是非常重要的。要对事情进行规划，把长期目标当作一个项目去对待，分解到具体可行动的地步。

因此，"长期靠逻辑，短期靠憧憬"可以结合使用，把长期目标变成可支配的行动后，它就变成了短期的、可以靠憧憬实现的目标。

比如，365天日更公众号文章，这是要做一年的长期目标，因此必须通过逻辑去解构，分成几个简单的动作去达成：

（1）固定写作时间，把它作为开启一天新生活的第一件事，如每天早上5点开始。

（2）固定写作时长或字数，比如每天写半小时或每天写3000字。

（3）固定发布平台，把发布作为衡量是否日更的依据。因为平台发布有时限，如果没有早起写作，而是在晚上完成，那也不能超过0点发布。

通过列清单的方式去践行逻辑，能够判断逻辑是否合理。通过想象具体的画面，延展清单上所要求事项在具体行动中的状态，可以产生行动的动力。

把"长期和短期""逻辑和憧憬"两组关键词结合起来，便能形成推动一个目标实现的最终答案。如果没有这个原则，我们可能会对长短期的目标区分不清；有了它，长短期的目标便更加清晰。

097

事前推演，事中调整，事后复盘

"未经反思的生活不值得过"是苏格拉底的思想精髓。想要快速进步就必须反思，不反思，我们就会无限期地按照过去的方式重复去做，唯有反思才能带来改进。

学习是为了进步，学习的阶段分为预习、学习和复习。每个阶段都应该有相应的反思。我们可以将预习阶段的反思称为推演，将学习阶段的反思称为调整，将复习阶段的反思称为复盘。

很多人都知道要复盘，明白复盘的价值，关心自己在一件事上做对了什么，做错了什么，以及如果做错了应该如何改进。很少人会在初期做推演，即关注计划执行可能会带来哪些结果，如何应对，选择哪个计划会更好等。更少人会关注事中思考，通过"观察、调整、决策、行动"四步对自己所做的事进行调整。

把反思和学习这两个系统结合起来，就会形成一个好的流程，覆盖整个学习实践的过程，类似于用两条腿走路会走得更快，因为身体保持了中轴稳定。反思和学习的系统，保证了一个人能够稳步前进，把可能的错误影响降到最小，让人获得快速选择最优路径的机会。

机会是留给有准备的人的。一个人经常学习并不断复盘，便更容易看到并把握机会。从事前、事中、事后三个阶段去复盘，比仅在事后进行总结多了两个环节，这看上去麻烦，但实际上连续思考能让我们更容易找到问题的线索，更好地理解事物本身，理解自己。

无论做多少事，主要是要有价值。如果增加一个步骤能给整体学习带来效果，或为事项进展提供价值，那就应该增加这个步骤，促使价值充分发挥，形成好的结果。

098

不管工作量有多大，都要建立在健康生活上

同时做很多事的人不是不休息，让身体超负荷，而是把健康和工作当作系统去运作。通过整体化运作，把健康融入生活，让精力为工作赋能。

一个人只有身体足够好，才能负担起更大的责任和义务，承担更多的工作量。这是因为工作本身是体力活，身体健康是干好体力活的基础。

在建筑工地里，我们很少看到年龄特别大的人在搬砖。其他工作实际上也如此，虽然这些工作的体能要求可能没有建筑工人那么高，但好的身体素质是维持一个人长时间从事劳动，接受高

098 不管工作量有多大,都要建立在健康生活上

强度工作的基础。

无论工作多么繁忙,我们都不能以牺牲身体为代价。追求短期利益,看上去是获得了利益,但得不偿失。因为一个人总体的工作时间约占整个生命的 20%,不能仅在一项工作中卖命而不管整个 20%。

当然有人会说,这一项工作对升迁、晋级很重要。但如果以生命为代价,这样做依然不值得。偶尔加班,以促成一次升迁、晋级是可以理解的,但切不可把加班、熬夜等毁掉身体的事情当作家常便饭。就像一根皮筋,一次拉伸到极限不一定会绷断;但如果经常拉到满负荷,那就容易使它失去弹性,无法回到正位。

一个长期主义者,不会让自己失去根基,因为那就等同于把树连根拔起。该休息休息,该工作工作,一切建立在健康生活的基础上,才是最好的选择。

通常来说,似乎人年纪大了才会关注健康,才会关注养生。原因在于,人们认为自己年轻时有资本,于是放纵。随着年龄的增长,人们逐渐发现自己的资本并不多,于是开始收敛。如果能在早期有觉悟,以健康的方式生活,人们的寿命就有可能得到延长。就像家用电器一样,合理使用,使用寿命会更长。

099

给事情赋予期限

要学会给事情赋予期限,因为生命本身是有一定长度的,我们必须在有生之年把事情做完。遵循生命的属性,找到做事的方法,是一种人生智慧。对待要做的事情就如同对待生命一样,给它一个期限,哪怕它没有期限,也要尽可能为它赋予一个期限。

首先,赋予期限会让人感到有期待,你会知道这件事到这个时间点就该结束了。一件事如果能够完成,和它有截止时间是有关系的。对于没有截止时间的事情,人们可能会无限拖延。倒不是因为它不重要,而是觉得什么时候做都可以。

其次,被赋予期限的事情更有生命力。无限看上去很有生命力，实际上我们对于无限是没有概念的。把时间分割成年、月、日、时、分、秒就是为了让我们对时间有概念，否则我们很难感受到时间的存在，这样就缺乏了对生命的回应。给事情赋予期限也是同样的道理，我们能够感知到某个时间节点可能会出现的结果。比如，一盒罐头的保质期是2年，2年后它也许不是完全不能食用，但我们很清楚，它从概念上已经失去了生命力。

再次，赋予期限会让我们对事情更重视，因为我们会有一种时间紧迫感，想要让做事进度和时间进度相匹配，否则这件事可能会以失败而告终。而对于高效能人士，他们对这方面的重视度会更高，甚至践行"行百里者半九十"的原则，做到90%的进度时，他们才认为实现了整个进度的一半，于是整体实现情况在时间进度上有了明显的提升。

最后，赋予期限是精细化管理的必要条件。如果我们想要成为预言家，能准确规划和实现计划，那就必须把截止时间确定好。设置目标时要说明在"XX年X月X日"完成，甚至更精准地定义在"XX点"完成，而不能含糊地说明天、后天、早上、晚上，因为这样不够具体和精确。

当把赋予期限理解并应用到这种程度时，我们对事情生命力的了解就上了一个台阶，对自己的要求也提高了一个档次。

认真对待每件事，是从最初为事情赋予期限开始的。

100

做一个有吸引力的人

做一个有吸引力的人，是给自己创造一个理想的环境，形成一种磁场，让在场域内的人可以受到指引，产生一群人可以走很远的效果。人是环境的产物，有吸引力的人给自己创造了有能量的环境场，能让自己更自信，更容易得到提升。

做一个有吸引力的人，是给自己提出一定要求的方式。有了要求就不再局限于狭隘的"小我"意识中，而是会考虑"大我"：我不仅能给自己提供好的环境，也能为别人带去资源。

做一个有吸引力的人，是财富创造的起点。明星就是依托吸引力创造财富的典范，这是吸引力带来的正面效果。同时，吸引力也是对人的行为要求的起点。当人的吸引力更强、影响力更大的时候，其行为就必须更加规范，因为他们对社会有着更强大的示范和引领作用。

做一个有吸引力的人，不是一蹴而就的，这需要大量的积累，在过程中磨炼自己的性情。就像竹子的生长，在前 4 年它只长几厘米，从第 5 年开始会以迅雷不及掩耳之势猛长，这是因为前 4 年打下了坚实的基础。

做一个有吸引力的人，需要的是蓄势待发的能力，先扎根，再成长，后突破。没有谁是突然取得成功的，只有伴随时间勤勤恳恳地践行，才能形成势能，成己成人。

利用好"竹子定律"，给自己的时间打好基础，蓄势待发，以待将来一鸣惊人，最终成为一个有吸引力的人。

101
一个人的落脚点永远在自身

你可以发出千万次的呐喊,但最终要实现自我,凭借一个"我已经做到了"的结果等别人的追随。一个人的落脚点永远在自身,即便没有他人的追随,也要做自己该做之事。

每个人或许都是带着自己的人生使命来的,只是这样的使命需要挖掘,它不会直白地出现在你面前,让你觉得自己有用之人。我们要用终身每日学习的方式,实现自我觉醒后发现人生使命,从而踏上属于自己的征途。

终身每日学习的方式是什么?任何人、事、物都值得学习,但能把上下五千年所有优秀的人、事、物都尽量吸纳的方式唯有读书。或许正是因为这样，才会有"万般皆下品，惟有读书高"的言论。而在读书的基础上增加写作，一个人才能实现内化。"读"不一定真的能深入人心，还需要"写"去检验。"写"是检验"读"的基本方式，但如果我们能找到"行"的方法，就不要只停留在"写"上面。

所谓的"行"就是实践，将一件事真正做到是非常重要的，它会让一个人从身体、心灵等方方面面对事物有立体的认知，并积累实实在在的能力。这样的能力就是自己的落脚点，让自己能从容且稳定的站在一处，可以由此得到更大的发展，一步一个脚印地踏上下一阶，看到更好的风景。

"行"的感受深刻，但成效不是立竿见影的。正如读书和写作作为一个人的基本成长方式，门槛较低，属于任何人都可以做的，但做的效果又因做的时间长短不同、认真程度不同而有巨大的差别。换句话说，这种方式好上手，但如果没有长期主义思维，就会觉得很难产生效果。我们经常会听到别人说"读书很好，但没什么用"，其实是因为没有做长期，没有达到一定的量级，因此没有产生相应的效果。

只有把注意力放在自身，才会研究自己的知行合一，而不是研究他人如何为自己的生活提供帮助。我们走捷径的方式，就是望向远方，脚踏实地地走今天该走的路，并且加快些脚步。

"101个基本"的核心是通过改变自己来影响他人，乃至在更大的范围内做出自己能够做出的贡献。这是一个人在每个"基本"上努力践行，躬身入局才能逐渐获得的结果。